饱和土体中排桩
被动隔振的积分方程方法分析

徐　斌　张　鸿　黎剑华　刘优平　夏志凡　著

U0351286

北　京
冶 金 工 业 出 版 社
2014

内 容 提 要

本书共分5章。第1章介绍了目前移动荷载作用下地基、桩土的动力响应及排桩隔振问题的相关研究成果和现状；第2章、第3章分别介绍了移动荷载作用下饱和土体的动力响应、桩顶简谐荷载作用下层状饱和土中桩基础的动力响应；第4章、第5章分别介绍了饱和土体中排桩对瑞利波及简谐荷载的隔振研究、排桩对移动荷载的隔振研究。

本书可供从事公路工程、建筑工程的软土地基设计、研究、开发和管理科研人员、工程技术人员及现场管理人员等使用，也可供高等院校相关专业的师生参考。

图书在版编目(CIP)数据

饱和土体中排桩被动隔振的积分方程方法分析/徐斌等著 . —北京：冶金工业出版社，2013.7 (2014.6 重印)
ISBN 978-7-5024-6298-7

Ⅰ.①饱…　Ⅱ.①徐…　Ⅲ.①饱和土—排桩—被动隔振—积分方程—研究　Ⅳ.①TU473.1

中国版本图书馆 CIP 数据核字(2013)第 132340 号

出 版 人　谭学余
地　　　址　北京北河沿大街嵩祝院北巷 39 号，邮编 100009
电　　　话　(010)64027926　电子信箱　yjcbs@cnmip.com.cn
责任编辑　杨秋奎　美术编辑　彭子赫　版式设计　孙跃红
责任校对　李　娜　责任印制　牛晓波
ISBN 978-7-5024-6298-7
冶金工业出版社出版发行；各地新华书店经销；北京慧美印刷有限公司印刷
2013 年 7 月第 1 版，2014 年 6 月第 2 次印刷
169mm×239mm；11.25 印张；221 千字；174 页
35.00 元
冶金工业出版社投稿电话：(010)64027932　投稿信箱：tougao@cnmip.com.cn
冶金工业出版社发行部　电话：(010)64044283　传真：(010)64027893
冶金书店　地址：北京东四西大街 46 号(100010)　电话：(010)65289081(兼传真)
(本书如有印装质量问题，本社发行部负责退换)

前　言

随着经济的发展，运输车辆的载重日益增大，荷载速度也有很大程度地提高。高速列车、地铁所引起的地基土体的振动的问题日益突出，影响的范围也在随之加大。高速移动荷载作用下路基的变形特性与普通荷载作用下路基的变形有着很大的差别。交通荷载（如轻轨）引起的环境振动、振幅和能量都比较小，从安全的角度讲，它不会造成像地震那样的剧烈损害。但是，这种振动的作用是长期存在和反复发生的，长期作用于建筑物，将引起结构的动力疲劳和应力集中，严重时还会引起结构的整体或局部的动力失稳，如地基产生液化、基础下沉或不均匀下沉，墙体裂缝，建筑物倾斜甚至局部损坏。这种振动对居住在铁路线周围的居民也有很大影响。

为了减轻高速列车及客车等对地面振动及建筑的损害和影响，时至今日，已经有各种各样的隔振措施，如开口空沟、充填沟槽、混凝土连续墙、圆柱形的排孔及圆柱形的排桩等。桩基作为一种非连续的硬屏障隔振，在隔振工程中有着广泛的应用。桩基隔振的优点有：不受地下水位和土坡稳定的限制，当入射弹性波的波长很长时（特别是瑞利波），用桩基隔振能较易实现隔振深度大的要求。因此，对桩基和移动载荷相互作用的计算对桩基的隔振设计具有重要意义。此外，由于高速行驶车辆的动力作用，桩基会产生振动，并会受到一定的负摩擦。因此，对这种动力响应的定量计算又对邻近道路的桩基础设计具有重要意义。但是，由于计算上的困难，目前对桩基动力响应的研究只限于桩基在动力基础隔振方面（即载荷位置固定的情形），而对桩基和移动载荷的相互作用则很少有研究。目前的研究对了解桩基对动力基础的隔振效果具有一定的指导意义，但结果却无法考虑移动载荷对桩基的影响，例如：无法考虑载荷的移动速度对桩基隔振效果及动力响应的影响；而且，目前较多文献中的土介质模型都限于线弹性模型，对工程实际中经常遇到的饱和土模型则缺少研究。因此分析饱和土中的桩基和移动载荷相互作用的研究不仅具有理论上的意义，而且对工程实际具有直接的指导意义。

　　本书利用 Biot 理论分析了移动荷载作用下均质、层状饱和土体的动力响应，采用积分方程法对层状饱和土体中单桩、群桩桩顶受水平、垂直方向简谐荷载作用的动力响应及排桩被动隔振的效果进行了系统研究。主要内容包括：层状饱和土体表面受移动荷载、土体内部受水平简谐荷载作用下的传递、透射矩阵（TRM）法建立，并且应用于 TRM 法解决高频、层状差异大的层状饱和土体移动荷载动力响应问题分析；均质、层状饱和土体-无限长梁体系的等效刚度公式推导，分析移动荷载对无限轨道长梁的动力响应影响，考察振动波在地基土体中的传播及能量耗损；利用 Muki 虚拟桩法和层状土体的传递透射矩阵（TRM）法，对均质、层状饱和土体中排桩对简谐荷载、表面瑞利波场的隔振效果分析；采用半解析法研究均质、层状饱和土体及黏弹性土体中排桩对具有不同速度的移动荷载引起振动的隔振效果在时间、空间域的分布。

　　为了使该研究成果能够为广大科技工作者提供有益的参考和学习帮助，作者将国家自然科学基金项目（50969007、51269021）、江西省自然科学基金项目（20114BAB206012）的研究成果整理编成本书。

　　由于作者水平所限，书中不足之处，恳请各位专家和读者批评指正。

徐　斌

2013 年 3 月

目　　录

1 绪 论

1.1 工程背景与研究意义

随着经济的发展，运输车辆的载重日益增大，荷载速度也有很大程度提高，如我国兴建的高速铁路，最高车速将超过350km/h。高速列车、地铁所引起的地基土体的振动的问题日益增大，影响的范围也在随之变大，主要表现在以下三个方面：

（1）高速移动荷载作用下路基的变形特性与普通荷载作用下路基的变形有着很大的差别，地基的沉降随着列车速度的增加而不断加大。据瑞典国家铁路局和其他单位联合进行的高速列车振动的现场测试，高速列车的通过引起了非常大的沉降，已经超过了保证铁路安全运营的界限[1]。另外，许多学者对高速移动荷载下路基的振动进行了调查研究也发现[2]，当荷载的移动速度小于土体的表面波速度的一半时，地基的动力位移与静力荷载作用下的位移相差不大，但当荷载的移动速度增大并接近表面波速时，地基的位移将是静力值的5~6倍，产生很大的地面振动与波动。该地面振动并不是由于荷载本身振动引起的，而是由荷载高速移动引起的，这与超音速飞机在跨越声障时机身会产生很大地振动相似，即高速列车诱发的马赫效应。

（2）高速移动荷载作用下对饱和土体内孔隙水压力、应力分布的影响，由于饱和软土的孔隙中充满液体，其力学机理远比普通的弹性体复杂，当高速列车的车速接近或达到甚至超过土的表面波速时，多孔饱和地基会产生一系列尚未了解的力学行为。

（3）交通荷载引起的振动对周围环境的影响，如交通车辆对建筑物、对精密仪器正常使用的影响。交通荷载（如轻轨）引起的环境振动，振幅和能量都比较小，从安全的角度讲，它不会造成像地震那样的剧烈损害。但是，这种振动的作用是长期存在和反复发生的。长期作用于建筑物，将引起结构的动力疲劳和应力集中，严重时还会引起结构的整体或局部的动力失稳，如地基产生液化、基础下沉或不均匀下沉，墙体裂缝，建筑物倾斜甚至局部损坏。城市轨道交通及地下铁道运行路线不可避免地会穿过安装有精密仪器的厂房、医院、实验室等对振动特别敏感的区域。当振动达到一定强度时，就会影响这些区域中精密仪器的正常使用。振动对居住在铁路线周围的居民影响很大，不但影响睡眠甚至影响健康[3]。

值得指出的是尽管目前已经有很多模型被用来分析高速列车、地铁等交通荷载产生的地面振动[4,5]，但对交通荷载作用下地基内部动力响应的相关文献较少，而且一般将问题处理为线弹性土的简单几何构形（如均质的半空间）的表面移动载荷问题[6,7]。对高速移动荷载作用下饱和土的动力特性研究更少[8,9]。因此利用移动载荷引起的饱和土体动力响应来模拟高速列车、地铁所引起的地基土体的振动具有较强的工程实际背景。

时至今日，为了减轻高速列车及客车等对地面振动及建筑的损害和影响，已经有各种各样的隔振措施，如：开口空沟、充填沟槽、混凝土连续墙、圆柱形的排孔及圆柱形的排桩等。桩基作为一种非连续的硬屏障隔振，在隔振工程中有着广泛的应用。桩基隔振的优点有：不受地下水位和土坡稳定的限制，当入射弹性波的波长很长时（特别是瑞利波），用桩基隔振能较易实现隔振深度大的要求。因此，对桩基和移动载荷相互作用的计算对桩基的隔振设计具有重要意义。此外，由于高速行驶车辆的动力作用，桩基会产生振动，并会受到一定的负摩擦。因此，对这种动力响应的定量计算又对邻近道路的桩基础设计具有重要意义。但是，由于计算上的困难，目前对桩基动力响应的研究只限于桩基在动力基础隔振方面（即载荷位置固定的情形），而对桩基和移动载荷的相互作用则很少有研究[10,11]。目前的研究对了解桩基对动力基础的隔振效果具有一定的指导意义，但结果却无法考虑移动载荷对桩基的影响，例如：无法考虑载荷的移动速度对桩基隔振效果及动力响应的影响。而且，目前较多文献中的土介质模型都限于线弹性模型，对工程实际中经常遇到的饱和土模型则缺少研究。因此分析饱和土中的桩基和移动载荷的相互作用的研究不仅具有理论上的意义，而且对工程实际具有直接的指导意义。

1.2　国内外研究现状

1.2.1　移动荷载作用下半空间土体的动力响应问题

土体表面受移动荷载作用下动力响应问题是土木工程、地震工程及交通工程中较为关心的问题之一。早在 20 世纪 50 年代，国外就开始研究移动荷载作用下土体动力响应问题。目前，对线弹性土的简单几何构形（如均质的半空间）的表面移动载荷问题，可利用解析方法进行计算；对复杂几何构形（如地下任意形状的空洞、地面的空沟）受移动载荷作用的动力响应问题，则可利用边界元或有限元等数值方法来计算。

Sneddon[12]首次考虑了 2-D 均质弹性土表面受移动线分布荷载作用的动力响应问题。Cole 和 Huth[13]分析了移动线均布荷载作用下弹性半空间体的平面应变问题。Eason[14]分析了弹性半空间体在移动竖向荷载和水平荷载作用下的应力，考虑了集中荷载、圆形均布荷载、矩形均布荷载，采用直接积分变换法导出了应力的一维有限积分解析解，并数值计算分析了亚音速荷载作用下弹性半空间体的应力。Alabi[15]分析了移动倾斜集中荷载作用下弹性半空间体的动力响应，数值积分了亚音速荷载下弹性半空间体的动力响应。Barros 和 Luco[6]采用了 Luco 和 Asper 的程序[16]分析了成层黏弹性半空间体在埋置或表面移动集中恒载作用下的位移和应力，所考虑的速度涵盖了亚音速、跨音速和超音速区间。Grundmann[17]等人分析了移动周期荷载和简化的列车荷载作用下成层半空间体的动力响应，采用小波分解[18]计算了积分逆变换。Hung 和 Yang[7]分析了黏弹性半空间体在移动荷载作用下的动力响应，考虑了移动集中荷载、移动线均布荷载、移动线源均布荷载以及移动线源非均布荷载列车这四种荷载工况，考察了荷载速度对动力响应的影响。

对具有复杂材料性状和几何形状结构的分析中，有限元方法被广泛地应用。但是有限元方法对处理波的传播问题不是很方便，因为它只能在一定的区域内按一定长度进行离散，而不能直接考虑无限边界条件。因此就必须设置人工边界，并在人工边界上加上合适的透射边界条件。例如，文献［19，20］采用有限元结合薄层单元的 2.5-D 有限元方法分析了移动荷载作用下结构与地基振动的二维动力问题。

边界元方法在分析涉及无限或半无限边界的问题时显得特别有优势。这是因为 Green 函数满足 Sommerfeld 放射条件[21]。因此边界元被应用于众多的结构与土相互作用分析中[22,23]。但边界元中的一个主要问题是：在有限元模型中的矩阵一般只有有限的带宽，而边界元中的系统矩阵是满矩阵。另外，边界元的系统矩阵是不对称的，需要计算空间内存还是较大[24,25]。

值得指出的是上述文献一般把土体考虑为弹性土体，忽略了土体中的水相、土颗粒之间的相互耦合作用。众所周知，饱和土体包含孔隙水、土颗粒两种材料。因此，对于饱和土体不能仅仅当作均质的弹性土体。在我国沿海地区的土多属于饱和土，因此用线弹性模型来描述这类土是很粗糙的近似。例如，用线弹性模型来分析饱和土中的移动载荷问题，就无法考虑土体在移动载荷作用下的孔压变化，以及孔压变化对周围土体动力响应的影响。此外，如果地下巷道处在含水岩层中，则使用饱和孔隙介质模型是更合理的选择。Biot[26,27]于 1956 年提出了孔隙介质含有黏性液体的动力理论，后来 Biot[28]还把他的理论推广到各向异性介质、饱和黏弹性介质及大变形的情形。Biot 理论提出后在岩土工程、地球物理及石油工业、生物力学中得到广泛的应用和研究。

目前，对 Biot 理论在固定载荷的动力响应问题的研究基本趋于成熟，常用的方法有解析法、有限元方法及边界元法。对无限域或半无限域，边界元方法用得较多，而对有限域问题有限元方法用得较多。在 Biot 理论求解固定载荷问题的边界元方法中，一般频域法用得较多，即在频域或 Laplace 变换域内建立边界积分方程，然后利用傅里叶或 Laplace 逆变换返回到时域。

Philippacopoulos[29]应用积分变换和势函数方法研究了饱和土表面作用垂直集中力时的 Lamb 问题。Rajapakse[30]利用积分变换方法和精确刚度矩阵方法研究了层状弹性半平面饱和土在内部载荷作用下的稳态动力响应。Senjuntichai[31]利用积分变换方法研究了半无限平面饱和土受水平力或垂直力时的 Green 函数，在数值求解格林函数时利用复模量来减小复数奇点对于沿实轴的积分的影响。国内的王立忠[32]也利用积分变换方法研究了饱和半空间表面作用垂直集中力时的稳态解。1989 年，Philippacopoulos[33]利用半空间饱和土表面载荷的解研究了半空间饱和土地基上的刚性圆盘的垂直振动问题。Bougacha[34]等人利用有限元方法分析了层状多孔饱和地基上刚性基础的垂直振动问题。国内的金波[35]利用势函数和对偶积分方程方法研究了半空间饱和土上刚体的垂直振动问题。此外，杨峻和吴世明[36]利用 Laplace-Hankel 积分变换和传递矩阵方法研究了轴对称层状多孔饱和土在表面荷载作用下在时域内的动力响应问题。他们利用积分变换方法得到单层土的传递矩阵，然后通过假定底面位移为零得出了层状地基的动力响应。

和固定载荷问题相比而言，目前为止，Biot 理论在移动载荷问题方面的应用研究非常有限。目前的研究一般都限于利用解析方法或近似方法求解简单几何构形的二维问题的解[37]。对三维移动载荷问题，即使是稳态的情形也很少有人研究。Valliappan[38]等人研究了简谐条形荷载作用下 2-D 饱和土体稳态响应。Siddharthan[39]等人通过近似方法求解 Biot 动力方程并分析了饱和土体动力特性。Jin[40]等人采用半解析方法研究了移动荷载作用下饱和土体应力、孔隙水压力变化情况。刘干斌[41]等人研究了二维条件下有限层厚黏弹性饱和土受简谐移动荷载作用的动力问题。

工程实际中土体是分层的，因此层状土体模型更能反映土体特征。早在 20 世纪 50 年代，已开展了层状土体力学性质，如 Haskell[42]发展了传递矩阵法，Tabatabaie[43]等人采用有限元法分析了层状饱和土体中波的传播特性。另外，Senjuntichai 和 Rajapakse[44]由积分变换推导了层状土体中的准确刚度法。对于动力荷载作用下层状土体响应，Apsel 和 Luco[45]采用了层状土体传递透射矩阵法。该方法的优点是对于层状土体问题中奇异项容易消除，并且该方法能够用于解决高频、各土层性状差异大的动力荷载问题，而一般的方法如有限元法、传递矩阵法对于上述问题很难有较精确的解[46,47]。在此基础上，Lu 和 Hanyga[48]采用传递透射矩阵法研究了垂直简谐点荷载、点流荷载作用下层状饱和土体动力问题。然而，对于移动荷载作用下层状饱和土体动力响应问题求解还很少见报道。

1.2.2 桩土的动力响应

桩基础设计的目的是在静、动载荷（如机器振动、海洋波浪、核动力等）

的作用下，控制桩支撑的结构变形达到许可的一定范围。近年来，较多的学者对动载荷作用下的单、群桩响应作了分析。常用的模型是：将土简化为使用弹簧和粘壶来描述的 Winkler 地基模型，或作为半空间无限弹性连续体模型。而桩则处理成埋在半空间无限土体中的一维刚体。研究方法主要有：有限元方法、边界元方法和半解析方法。另外，对群桩动力问题的研究还建立了动力相互作用因子法等。

采用有限元方法分析了频域内线弹性土中桩的动力响应的文献如：Blaney[49] 和 Kuhlemeyer[50] 用有限元方法分析了频域内桩的动力响应。Rajapakse[51] 基于 Laplace 变换，采用有限元方法分析了多层土中桩受瞬态扭转和轴向荷载作用的动力响应。Flores-Berrones 等人[52] 基于 Winkler 模型用有限元方法分析了刚性基础条件下端承桩对竖向剪切波的响应。刘忠等人[53] 利用三维有限元，根据已建立的地基土-单桩系统横向非线性动力相互作用简化分析模型，在动力 Winkler 模型基础上，研究单桩非线性响应，分析了横向惯性荷载作用下，单桩在时域内的动力响应。

边界元方法对初始条件和阻尼设定都可以进行简化处理，且还可以考虑荷载作用时间的影响。在分析桩顶荷载作用下的动力响应得到了较多应用，如文献[54，55]。

利用半解析的数值法分析桩顶荷载作用下桩-土体系的响应，最早于 Muki 和 Sternberg[56,57] 提出的最严格的数学模型，基于静态轴向荷载从有限长的弹性杆到周围无限弹性介质的经典弹性理论，将三维杆单元当作一维问题来处理建立了杆在连续介质中运动的控制方程。将杆-半空间弹性体分解成虚拟杆和扩展的弹性半空间，扩展的弹性半空间的弹性模量为实际半空间的弹性模量减去虚拟杆的弹性模量。利用虚拟杆与扩展半空间相应位置的应变协调条件可以得到 Fredholm 第二类积分方程，这样可以利用数值法得到问题的解。Freeman 和 Keer[58]、Luk 和 Keer[59]、Karasudhi 等[60] 对此进行了理论研究。

还有一种半解析的数值法基于将土简化为 Winkler 地基模型的分析。如：Novak[61] 利用 Winkler 地基模型来探讨二维黏弹性连续介质中的刚性圆柱体在简谐荷载作用下的动力反应。Nogami 和 Konagai[62] 运用 Winkler 模型，分析了时域内单桩在弯矩作用下的动力响应。Makris[63] 采用 Winkler 模型，分析了瑞利波作用下桩顶自由和桩顶固定时桩的动力响应，指出桩在弹性波作用下其垂直振动的桩土间相对位移远远大于水平振动的相对位移。Nicos 和 George[64] 运用 Winkler 模型分析了 S 波作用下桩土共同作用的问题。柯瀚[65] 等人利用 Winkler 模型，研究了双层地基在瑞利波作用下桩土竖向的共同作用；王立忠[66] 等人采用 Winkler 模型建立了成层地基中桩土相互作用的黏弹性模型；冯永正[67] 等人分析了双层地基中群桩在瑞利波作用下的横向动力响应。

以上是对桩在弹性半空间受稳态荷载时的动力响应的论述。除此之外，对桩在半空间饱和土中受稳态动力响应也有相关的研究。Bougacha[34]等人采用有限元方法分析了多孔饱和半空间上刚体的振动问题。金波和徐植信[35]研究多孔饱和半空间上刚体垂直振动的轴对称混合边值问题。他首先采用 Hankel 变换求解 Biot 波动方程，然后按混合边值条件建立多孔饱和半空间上刚体垂直振动的对偶积分方程，再用 Abel 变换把对偶积分化为易于数值计算的第二类 Fredholm 积分方程，得到了数值结果。Zeng 和 Rajapakse[68]推广了 Muki 和 Sternberg 的方法来分析均质多孔介质中部分埋入的弹性杆在轴向荷载作用下的稳态动力反应。杆按一维弹性原理来处理，杆的长径比很大，荷载作用范围是低频的。多孔饱和介质采用 Biot 固结方程。杆和周围介质沿接触面是连接的，将杆-多孔介质半空间分解成一个虚拟杆和扩展的多孔半空间。运用 Hankel 积分变换得到 Biot 方程的解析解，引入符合均质垂直荷载作用在弹性半空间内部的位移、应变影响函数，荷载传递问题由 Fredholm 第二类积分方程求解。陈龙珠、陈胜立[69]采用简化的 Biot 控制方程，求解饱和地基上刚性基础垂直振动的轴对称混合边值问题，进而分析了刚性基础的振动特性及它和饱和土地基的各种参数之间的关系。陆建飞[70]等人利用 Muki 的方法研究了频域内饱和土中水平受荷单桩的动力问题。

1.2.3 排桩隔振问题的研究

目前关于隔振的研究可分为实验方法及数值方法。现场实验方法，虽然可以得到较接近实际情况的试验结果，但却需要大量的人力与物力，且影响参数不易更动，受限于当时条件范围，而采用数值方法因易于进行分析参数，因此以数值方法来进行隔振的研究有越来越多的趋势。

在实验方面，Barkan[71]最早以钢板桩及开口槽沟来阻隔由交通荷载所传来振动，但未达到有效的隔振效果。后来 McNeill[72]等人利用钢板墙作为稳定支撑有效地达到隔振效果。Woods[73]提出有关开口槽沟隔振试验报告，定义了振幅降低比来表示槽沟附近地表的隔振效果。另外，Woods[74]等人采用了全像摄影技术的原理仿真半平面空间的振动，观察中空圆柱屏障被动隔振效果，整理出中空圆柱屏障的被动隔振准则。Liao 和 Sangrey[75]研究声波在流体介质中以模型桩作为屏障，分析排桩作为被动隔振屏障的可能性。Haupt[76]使用开口槽沟、混凝土填充槽沟、一排空心桩作为隔振机制的模型试验进行隔振效果分析试验。

常用的数值方法主要有有限差分法、有限元法及边界元法等。

采用有限差分法分析计算弹性半空间设置屏障后的隔振效果的有：Aboudi[77]认为地表存在屏障将影响瑞利波的波动行为；Fuyski 和 Matsumoto[78]使用有限差分法，配合不反射边界特殊处理，研究瑞利波遇到开口槽沟后造成的波形转换。

　　有限元法也同样广泛用来分析弹性半空间设置屏障后的隔振效果。Wass[79]以特殊元素模拟边界的辐射条件，使用有限元法研究了槽沟阻隔水平剪切波的影响。考虑土体的层状性对隔振效果的影响，Lysmer 和 Waas[80]采用集总质量法分析和评价了空沟、充填膨润土泥浆在层状土体中的隔振效果。Segol[81]采用具有特定无反射边界的有限元法（FEM）研究了上述问题。Leung[82,83]等人调查了层状土体中空沟及填充沟的隔振效果。May 和 Bolt[84]以有限元法探讨双层土中开口槽沟对水平剪切波（SH 波）的隔振效果。

　　Emad 和 Manolis[85]采用边界元法配合常数元素研究矩形与圆形的开口槽沟隔振效应，但仅针对某些特定位置位移振幅的增加或减少作隔振效果评估。Beskos[86]等人利用同样的方法讨论开口槽沟或填充槽沟的隔振效果，他们认为开口槽沟隔振效率优于填充槽沟。Dasgupta[87]等人以三维频率域边界元法配合全无限域基本解分析刚性地表基础受到简谐荷载，探讨开口槽沟或填充槽沟隔振情形。Ahmad[88]等人利用边界元法研究开口槽沟与填充槽沟在水平或垂直振动模式下的隔振效率，并提出一些简化设计的方法。Klein[89]等人以三维频率域边界元素法，研究开口槽沟的隔振效果，并和现场量测的结果作对照。其分析结果显示槽沟深度仍然是主要的控制参数。

　　尽管采用沟（空沟或有填充物）隔振效果比排桩效果好，但只适用于沟深度不大情况，主要是由于开沟要考虑到沟两侧坡度稳定，特别是当土体是地下水位浅、富水情况。然而，众所周知，土体中瑞利波的传播是长波，要求隔振效果越好，必然要求沟越深，这在工程实践中是不实际的。在这种情况下，由于排桩长度的适用性，采用排桩是较好的隔振工程措施。然而，分析时间空间域内排桩的隔振效果是 3-D 复波散射问题，较难用数值解析的方法。因此，研究和分析频域内排桩的隔振效果的文献比较少。Woods 等人[73,74]通过实验及观测黏弹性土体中排桩隔振效果，提出了采用排桩隔振设计的基本理论。Avilles 和 Sanchez-Sesma[90]研究 8 根实心排桩对 P 波（压缩波）、SH 波（水平剪切波）、SV 波（垂直剪切波）的隔振效应。而且 Avilles 和 Sanchez-Sesma[91]针对 SV 波或瑞利波遇到圆形断面实心排桩，研究其排桩后方地表位移振幅降低比分布情形，文献［91］也分别讨论无限桩长的二维情况与有限桩长的三维情况。Baroomand 和 Kaynia[92]利用半解析法分析了排桩对瑞利波的隔振效果。Kattis[93]等人利用三维频率域边界元法分析一排圆形断面或方形断面的孔洞与混凝土排桩隔振效果。为了减小排桩隔振模型计算的复杂性，Kattis[94]等人推导了一种用沟隔振效果分析代替排桩隔振效果的方式。Tsai[95]分析了四种类型的圆形截面排桩对无质量方形基础振动的隔振效果。文献［96］分析了二排、三排桩对地面振动的隔振效果。

　　对于时间域内的排桩隔振分析，Ju 和 Lin[97]采用 3-D 有限元法模拟了高速车辆引起地面振动及通过加固地基土体、在路基下埋入隔振装置的两种隔振方案的隔振效果。Andersen 和 Nielsen[98]应用边界元与有限元耦合的方法分析了移动简谐荷载的振动效果。Celebi 和 Schmid[99]探讨了移动荷载作用下 3-D 轨道-地基系统中波的传播问题。Karlström 和 Boström[100]讨论了时间域内全 3-D 的沟两侧或一侧的隔振效果。

　　从上述文献分析可知,在隔振分析时,目前一般把地基土体当作均质或层状的弹性土体[101,102]。众所周知,对于含有地下水的饱和土体,采用水、土相的饱和土体模型更接近于实际。并且考虑水相的作用,孔压对地基土体的液化失效、桩基的失稳都有重要的影响。然而,考虑地基为饱和土体,对排桩的隔振效果影响的文献目前还未见报道。另外,在某些情况下,对于层状土体中桩受动力荷载作用的问题,一般方法有:有限元法、传递矩阵法、精确刚度法是不能够很好解决,主要是在高频、层间差异较大等会使一般方法形成的矩阵存在病态,得不到精确解。而采用传递、透射矩阵法能够有效克服此现象。尽管目前人们采用传递、透射矩阵法分析了层状土体地基的响应问题,但在文献中采用传递、透射矩阵法研究层状土体地基中排桩的隔振效果分析的文献也同样还未见报道。较多文献为饱和土体中单、群桩顶受轴、横向简谐荷载作用的研究。如:Zeng 和 Rajapakse[68]利用 Biot 理论[26,28]分析和研究了稳态轴向简谐荷载作用下单桩的动力响应。Wang[103]等人对饱和土体中群桩动力响应作了分析。Jin[104]研究了水平荷载作用下饱和土体中桩的动力响应。

2 移动荷载作用下饱和
土体动力响应

本章根据 Biot 理论和积分变换法，推导了层状饱和土体动力响应的传递、透射矩阵法（TRM），利用该方法分析了具有任意速度的移动荷载作用下层状饱和土体响应问题。

2.1 Biot 理论控制方程及 Helmhotlz 矢量分解

根据饱和土体理论[26~28]，孔隙介质有如下的本构方程：

$$\sigma_{ij} = \lambda\delta_{ij}e + 2\mu\varepsilon_{ij} - \alpha\delta_{ij}p_f \tag{2-1}$$

$$p_f = -\alpha Me + M\vartheta \tag{2-2}$$

$$e = u_{i,j}, \quad \vartheta = -w_{i,j}, \quad w_i = \phi(U_i - u_i) \tag{2-3}$$

式中　σ_{ij}——土体的应力，$i,j = 1,2,3$；

　　λ,μ——土体的 Lame 常数；

　　δ_{ij}——克罗奈克符号，$i,j = 1,2,3$；

　　ε_{ij}——土体的应变张量，$i,j = 1,2,3$；

　　p_f——孔隙水压力；

　　α,M——分别为与饱和孔隙介质压缩有关的 Biot 参数；

　　e,ϑ——分别为土骨架体积应变和单位孔隙介质的流体体积增加量；

　　$w_{i,j}$——流体的渗透位移，$i,j = 1,2,3$；

　　u_i,U_i——分别为土体与流体的平均位移；

　　ϕ——孔隙介质的孔隙率。

孔隙介质的运动方程可用位移 u_i、w_i 表示为：

$$\mu u_{i,jj} + (\lambda + \alpha^2 M + \mu)u_{j,ji} + \alpha M w_{j,ji} = \rho\ddot{u}_i + \rho_f\ddot{w}_i \tag{2-4}$$

$$\alpha M u_{j,ji} + M w_{j,ji} = \rho_f\ddot{u}_i + m\ddot{w}_i + b_p\dot{w}_i \tag{2-5}$$

$$m = \alpha_\infty\rho_f/\phi$$

式中　ρ,ρ_f——分别为孔隙介质密度和流体密度；

　　α_∞——孔隙介质弯曲系数；

b_p——土骨架与流体间的相互作用力，$b_p = \eta / k$，η 为孔隙介质黏性系数，k 为孔隙介质的动力渗透系数。

利用 Helmhotlz 矢量分解的方法及傅里叶积分变换式，频域内的土体位移 $\overline{u}_i$ 有如下形式：

$$\overline{u}_i = \overline{\varphi}_{,i} + e_{ijk}\overline{\psi}_{k,j} \tag{2-6}$$

式中 上标 $-$——$t \to \omega$ 的傅里叶变换；

$\overline{\varphi}_{,i}$，$\overline{\psi}_k$——分别为变换域内土体位移的标量势和矢量势，$k = 1,2,3$；

e_{ijk}——Ricci 符号。

矢量势 $\overline{\psi}_k$ 满足正则条件：

$$\overline{\psi}_{i,i} = 0 \tag{2-7}$$

由于饱和土中存在两种 P 波（P_1 和 P_2），$\overline{u}_i$ 可进一步简化为：

$$\overline{u}_i = \overline{\varphi}_{,i} + e_{ijk}\overline{\psi}_{k,j} = \overline{\varphi}_{f,i} + \overline{\varphi}_{s,i} + e_{ijk}\overline{\psi}_{k,j} \tag{2-8}$$

式中 $\overline{\varphi}_f$，$\overline{\varphi}_s$——P_1 波和 P_2 波的标量势；

$\overline{\psi}_k$——剪切波的矢量势。

根据 Bonnet[105] 的分析，孔压有如下形式：

$$\overline{p}_f = A_f \overline{\varphi}_{f,ii} + A_s \overline{\varphi}_{s,ii} \tag{2-9}$$

式中 A_f，A_s——由 Biot 控制方程所确定的两个常数。

由式(2-2)、式(2-5)、式(2-8)、式(2-9)可得：

$$\left[(\lambda + 2\mu - \beta_2 A_f)\overline{\varphi}_{f,jj} + \beta_3 \overline{\varphi}_f \right]_{,i} +$$

$$\left[(\lambda + 2\mu - \beta_2 A_s)\overline{\varphi}_{s,jj} + \beta_3 \overline{\varphi}_s \right]_{,i} +$$

$$e_{iml}\left[\mu\overline{\psi}_{i,jj} + \beta_3 \overline{\psi}_i \right]_{,m} = 0 \tag{2-10}$$

由式(2-10)可得：

$$(\lambda + 2\mu - \beta_2 A_f)\overline{\varphi}_{f,jj} + \beta_3 \overline{\varphi}_f = 0 \tag{2-11}$$

$$(\lambda + 2\mu - \beta_2 A_s)\overline{\varphi}_{s,jj} + \beta_3 \overline{\varphi}_s = 0 \tag{2-12}$$

$$\mu\overline{\psi}_{i,jj} + \beta_3 \overline{\psi}_i = 0 \tag{2-13}$$

其中

$$\beta_3 = \rho\omega^2 - \rho_f^2 \omega^4 / \beta_1$$

$$\beta_2 = \alpha - \rho_f \omega^2 / \beta_1$$

$$\beta_1 = m\omega^2 - ib_p\omega$$

同理，由式(2-2)~式(2-5)可得：

$$\bar{p}_{f,ii} + \frac{\beta_1}{M}\bar{p}_f + (\alpha\beta_1 - \rho_f\omega^2)\bar{u}_{i,i} = 0 \tag{2-14}$$

把式(2-8)、式(2-9)代入式(2-14)可得：

$$\left[A_f\bar{\varphi}_{f,ii} + (\beta_5 A_f - \beta_4)\bar{\varphi}_f\right]_{,jj} + \left[A_s\bar{\varphi}_{s,ii} + (\beta_5 A_s - \beta_4)\bar{\varphi}_s\right]_{,jj} = 0 \tag{2-15}$$

由式(2-15)可得：

$$A_f\bar{\varphi}_{f,ii} + (\beta_5 A_f - \beta_4)\bar{\varphi}_f = 0 \tag{2-16}$$

$$A_s\bar{\varphi}_{s,ii} + (\beta_5 A_s - \beta_4)\bar{\varphi}_s = 0 \tag{2-17}$$

其中
$$\beta_4 = \rho_f\omega^2 - \alpha\beta_1, \quad \beta_5 = \beta_1/M$$

由式(2-11)、式(2-12)及式(2-16)、式(2-17)可得：

$$A_{f,s}^2 + \frac{\beta_3 - (\lambda + 2\mu)\beta_5 - \beta_2\beta_4}{\beta_2\beta_5}A_{f,s} + \frac{(\lambda + 2\mu)\beta_4}{\beta_2\beta_5} = 0 \tag{2-18}$$

式(2-18)中 A_f、A_s 可由式(2-9)确定。

式(2-11)~式(2-13)可化归为 Helmhotlz 方程：

$$\nabla^2\bar{\varphi}_f + k_f^2\bar{\varphi}_f = 0 \tag{2-19}$$

$$\nabla^2\bar{\varphi}_s + k_s^2\bar{\varphi}_s = 0 \tag{2-20}$$

$$\nabla^2\bar{\boldsymbol{\psi}}_t + k_t^2\bar{\boldsymbol{\psi}}_t = 0 \tag{2-21}$$

式中 k_f, k_s, k_t——分别为饱和土中 P_1 波、P_2 波和 S 波的复波数；

$\bar{\boldsymbol{\psi}}$——剪切波的矢量势。

为了满足体波的衰减性，$\mathrm{Im}(k_f)$、$\mathrm{Im}(k_s)$、$\mathrm{Im}(k_t)$ 应非正。由于 P_1 波快于 P_2 波，所以应有 $\mathrm{Re}(k_f) \leqslant \mathrm{Re}(k_s)$。$k_f$、$k_s$、$k_t$ 可由式(2-22)确定：

$$k_f^2 = \frac{\beta_5 A_f - \beta_4}{A_f}, \quad k_s^2 = \frac{\beta_5 A_f - \beta_4}{A_f}, \quad k_t^2 = \frac{\beta_3}{\mu} \tag{2-22}$$

由式(2-5)在频域的表达式可得到孔隙流体的渗透位移为：

$$\bar{w}_i = \frac{1}{\beta_1}\bar{p}_{f,i} - \frac{\rho_f\omega^2}{\beta_1}\bar{u}_i \tag{2-23}$$

2.2 均质饱和土体表面受移动荷载作用的基本解

移动荷载作用在半无限饱和土体表面，如图 2-1 所示，荷载移动方向沿 x 轴正向，速度 c 恒定，初始频率 ω_0。

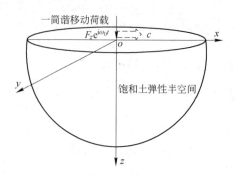

图 2-1　半无限饱和土体表面受移动荷载示意图

　　对于移动荷载作用的问题，对称性已经破坏，因此在直角坐标系下进行求解。对式(2-19)～式(2-21)进行空间、波数域 $x \to \xi_x$，$y \to \eta_y$ 的傅里叶积分变换，可得：

$$\frac{\mathrm{d}^2 \tilde{\hat{\varphi}}_f}{\mathrm{d}z^2} - (\xi_x^2 + \eta_y^2 - k_f^2)\ \tilde{\hat{\varphi}}_f = 0 \qquad (2\text{-}24)$$

$$\frac{\mathrm{d}^2 \tilde{\hat{\varphi}}_s}{\mathrm{d}z^2} - (\xi_x^2 + \eta_y^2 - k_s^2)\ \tilde{\hat{\varphi}}_s = 0 \qquad (2\text{-}25)$$

$$\frac{\mathrm{d}^2 \tilde{\hat{\boldsymbol{\psi}}}_i}{\mathrm{d}z^2} - (\xi_x^2 + \eta_y^2 - k_t^2)\ \tilde{\hat{\boldsymbol{\psi}}}_i = 0,\ i = x, y, z \qquad (2\text{-}26)$$

式中　上标 ~——$x \to \xi_x$ 的傅里叶变换；

　　　上标 ^——$y \to \eta_y$ 的傅里叶变换。

　　同样对式(2-7)应用傅里叶积分变换，可得：

$$\frac{\mathrm{d}\tilde{\hat{\boldsymbol{\psi}}}_z}{\mathrm{d}z} = -i\xi_x \tilde{\hat{\boldsymbol{\psi}}}_x - i\eta_y \tilde{\hat{\boldsymbol{\psi}}}_y \qquad (2\text{-}27)$$

　　由式(2-24)～式(2-26)，可得：

$$\tilde{\hat{\varphi}}_f = A(\xi_x, \eta_y, \omega)\,\mathrm{e}^{\gamma_f z} + B(\xi_x, \eta_y, \omega)\,\mathrm{e}^{-\gamma_f z} \qquad (2\text{-}28)$$

$$\tilde{\hat{\varphi}}_s = C(\xi_x, \eta_y, \omega)\,\mathrm{e}^{\gamma_s z} + D(\xi_x, \eta_y, \omega)\,\mathrm{e}^{-\gamma_s z} \qquad (2\text{-}29)$$

$$\tilde{\hat{\boldsymbol{\psi}}}_x = E(\xi_x, \eta_y, \omega)\,\mathrm{e}^{\gamma_t z} + F(\xi_x, \eta_y, \omega)\,\mathrm{e}^{-\gamma_t z} \qquad (2\text{-}30)$$

$$\hat{\tilde{\tilde{\psi}}}_y = G(\xi_x, \eta_y, \omega) e^{\gamma_t \hat{z}} + H(\xi_x, \eta_y, \omega) e^{-\gamma_t \hat{z}} \tag{2-31}$$

式中，A，B，$\cdots$，H 为由边界条件确定的常量；$\gamma_f^2 = \xi_x^2 + \eta_y^2 - k_f^2$，$\gamma_s^2 = \xi_x^2 + \eta_y^2 - k_s^2$，$\gamma_t^2 = \xi_x^2 + \eta_y^2 - k_t^2$，且 $\mathrm{Re}(\gamma_f) \geqslant 0$，$\mathrm{Re}(\gamma_s) \geqslant 0$，$\mathrm{Re}(\gamma_t) \geqslant 0$。

把式(2-30)、式(2-31)代入式(2-27)，可得：

$$\hat{\tilde{\tilde{\psi}}}_z = -\frac{i}{\gamma_t}\left[(\xi_x E + \eta_y G) e^{\gamma_t \hat{z}} - (\xi_x F + \eta_y H) e^{-\gamma_t \hat{z}}\right] \tag{2-32}$$

一旦势函数确定后，由频域内式(2-8)和式(2-9)可确定位移和孔压基本解，再由式(2-1)可得到饱和土体应力基本解，具体表达式可见附录 A。

若饱和土体半空间表面透水，则当移动荷载为点荷载，有如下边界条件[106]：

$$\begin{cases} \sigma_{xz}(x,y,0,t) = 0 \\ \sigma_{yz}(x,y,0,t) = 0 \\ \sigma_{zz}(x,y,0,t) = -F_z e^{i\omega_0 t}\delta(x - ct) \\ p_f(x,y,0,t) = 0 \end{cases} \tag{2-33}$$

式中　F_z——点荷载的强度；

ω_0——荷载初始频率；

δ——Dirac-δ 函数。

若移动荷载为矩形分布荷载，则边界条件中 σ_{zz} 的表达式为：

$$\sigma_{zz}(x,y,0,t) = -q_F e^{i\omega_0 t}\left[H(x - ct + 2a) - H(x - ct - 2a)\right] \times$$
$$\left[H(y + 2b) - H(y - 2b)\right] \tag{2-34}$$

式中　q_F——分布荷载集度；

$2a$，$2b$——分别为矩形分布荷载长、宽；

$H(\cdots)$——Heaviside 函数。

对式(2-33)进行时间、空间的傅里叶变换，可得频域、波数域表达式为：

$$\begin{cases} \hat{\tilde{\tilde{\sigma}}}_{xz}(\xi_x, \eta_y, 0, \omega) = 0 \\ \\ \hat{\tilde{\tilde{\sigma}}}_{yz}(\xi_x, \eta_y, 0, \omega) = 0 \\ \\ \hat{\tilde{\tilde{\sigma}}}_{zz}(\xi_x, \eta_y, 0, \omega) = -2\pi F_z \delta(\omega - \omega_0 + c\xi_x) \\ \\ \hat{\tilde{\tilde{p}}}_f(\xi_x, \eta_y, 0, \omega) = 0 \end{cases} \tag{2-35}$$

对式(2-34)进行时间、空间的傅里叶变换，可得频域、波数域表达式为：

$$\tilde{\bar{\sigma}}_{zz}(\xi_x,\eta_y,0,\omega) = -2\pi q_F\,\delta(\omega-\omega_0+\xi_x c)\,\frac{\sin(\xi_x a)}{\xi_x}\,\frac{\sin(\eta_y b)}{\eta_y} \qquad (2\text{-}36)$$

对于饱和土体半无限空间，考虑到无穷远处波的衰减，则基本解中未知常量有如下关系：

$$A = 0,\ C = 0,\ E = 0,\ G = 0 \qquad (2\text{-}37)$$

把式(2-35)或式(2-36)分别代入到相应基本解中，即可确定其他的未知的常量，具体表达式参见附录 B。

对于饱和土体有下卧刚性层的问题，除了饱和土体表面受荷载作用的应力边界条件外，若饱和土体层厚为 h，则在 $z = h$ 处还有如下位移边界条件：

$$\begin{cases} u_x(x,y,h,t) = 0 \\ u_y(x,y,h,t) = 0 \\ u_z(x,y,h,t) = 0 \\ w_z(x,y,h,t) = 0 \end{cases} \qquad (2\text{-}38)$$

同样把式(2-35)、式(2-36)及式(2-38)在频域内的表达式分别代入到相应基本解中，即可确定其他的未知的常量，进而可得频率-波数域内饱和土的位移、应力、孔压表达式。

2.3　层状饱和土体表面受移动荷载作用的传递透射矩阵法

层状饱和土地基模型如图 2-2 所示，假设有 N 层土，底层为半无限空间，以

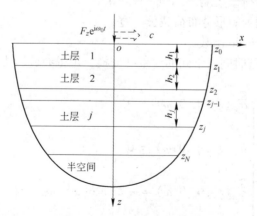

图 2-2　层状饱和土体表面受移动荷载作用示意图

恒定速度 c 沿 x 轴正向移动的荷载作用在土体表面。若第 j 层土用符号 M_j 表示，最底层土体用符号 M_{N+1} 表示，则层厚为 $h_j = z_j - z_{j-1}$，z_j、z_{j-1} 为第 j 层土上、下边界 z 坐标。

对于第 j 层层状土的应力、位移、孔压等在频域-波数域内的解可将基本解中未知系数 A，B，$\cdots$，H 分别替换为 $a^{(j)} e^{-\gamma_f^j z_j}$，$c^{(j)} e^{-\gamma_s^j z_j}$，$e^{(j)} e^{-\gamma_t^j z_j}$，$g^{(j)} e^{-\gamma_t^j z_j}$，$b^{(j)} e^{\gamma_f^j z_{j-1}}$，$d^{(j)} e^{\gamma_s^j z_{j-1}}$，$f^{(j)} e^{\gamma_t^j z_{j-1}}$，$h^{(j)} e^{\gamma_t^j z_{j-1}}$，同时用第 j 层的土体参数代替通解中相应的土体的值而求得。由此可知，$N+1$ 层有 $8 \times (N+1)$ 个未知系数，采用传递矩阵等方法需求解 $8 \times (N+1)$ 个大型线性方程组。对于高频动力问题，方程组中较多元素不可避免地会出现极小值或零的情况，导致方程组存在病态问题，从而影响计算结果的精度。

第 j 层频域-波数内解可用矩阵 $\boldsymbol{\psi}^{(j)}(z)$ 表示为：

$$\boldsymbol{\Psi}_{8\times1}^{(j)} = \begin{bmatrix} \boldsymbol{D}_{\mathrm{d}\,4\times4}^{(j)} & \boldsymbol{D}_{\mathrm{u}\,4\times4}^{(j)} \\ \boldsymbol{S}_{\mathrm{d}\,4\times4}^{(j)} & \boldsymbol{S}_{\mathrm{u}\,4\times4}^{(j)} \end{bmatrix} \begin{bmatrix} \boldsymbol{W}_{\mathrm{d}}^{(j)} & \boldsymbol{W}_{\mathrm{u}}^{(j)} \end{bmatrix}^{\mathrm{T}} \tag{2-39}$$

$$\boldsymbol{\Psi}_{8\times1}^{(j)} = \begin{bmatrix} i\xi_x \hat{\bar{u}}_x^{(j)} & \hat{\bar{u}}_y^{(j)} & \hat{\bar{u}}_z^{(j)} & \hat{\bar{w}}_z^{(j)} & i\xi_x \hat{\bar{\sigma}}_{xz}^{(j)} & \hat{\bar{\sigma}}_{yz}^{(j)} & \hat{\bar{\sigma}}_{zz}^{(j)} & \hat{\bar{p}}_f^{(j)} \end{bmatrix}^{\mathrm{T}} \tag{2-40}$$

$$\boldsymbol{W}_{\mathrm{d}}^{(j)} = \begin{bmatrix} b^{(j)} e^{-\gamma_f^j(z-z_{j-1})} & d^{(j)} e^{-\gamma_s^j(z-z_{j-1})} & f^{(j)} e^{-\gamma_t^j(z-z_{j-1})} & h^{(j)} e^{-\gamma_t^j(z-z_{j-1})} \end{bmatrix}^{\mathrm{T}} \tag{2-41}$$

$$\boldsymbol{W}_{\mathrm{u}}^{(j)} = \begin{bmatrix} a^{(j)} e^{-\gamma_f^j(z_j-z)} & c^{(j)} e^{-\gamma_f^j(z_j-z)} & e^{(j)} e^{-\gamma_t^j(z_j-z)} & g^{(j)} e^{-\gamma_t^j(z_j-z)} \end{bmatrix}^{\mathrm{T}} \tag{2-42}$$

由式（2-41）、式（2-42）可得第 j 层的下、上行波矢量 $\boldsymbol{W}_{\mathrm{d}}^{(j)}(z_{j-1})$，$\boldsymbol{W}_{\mathrm{u}}^{(j)}(z_j)$ 为：

$$\boldsymbol{W}_{\mathrm{d}}^{(j)}(z_{j-1}) = \begin{bmatrix} b^{(j)} & d^{(j)} & f^{(j)} & h^{(j)} \end{bmatrix}^{\mathrm{T}} \tag{2-43}$$

$$\boldsymbol{W}_{\mathrm{u}}^{(j)}(z_j) = \begin{bmatrix} a^{(j)} & c^{(j)} & e^{(j)} & g^{(j)} \end{bmatrix}^{\mathrm{T}} \tag{2-44}$$

根据式（2-41）～式（2-44），任意位置的下、上行波矢量 $\boldsymbol{W}_{\mathrm{d}}^{(j)}(z)$，$\boldsymbol{W}_{\mathrm{d}}^{(j)}(z)$ 与第 j 层的下、上行波矢量 $\boldsymbol{W}_{\mathrm{d}}^{(j)}(z_{j-1})$、$\boldsymbol{W}_{\mathrm{u}}^{(j)}(z_j)$ 的关系为：

$$\boldsymbol{W}_{\mathrm{d}}^{(j)}(z) = \boldsymbol{E}^{(j)}(z-z_{j-1}) \boldsymbol{W}_{\mathrm{d}}^{(j)}(z_{j-1}) \tag{2-45}$$

$$\boldsymbol{W}_{\mathrm{u}}^{(j)}(z) = \boldsymbol{E}^{(j)}(z_j-z) \boldsymbol{W}_{\mathrm{u}}^{(j)}(z_j) \tag{2-46}$$

其中

$$\boldsymbol{E}^{(j)}(\hbar) = \begin{bmatrix} e^{-\gamma_f^j \hbar} & 0 & 0 & 0; & 0 & e^{-\gamma_s^j \hbar} & 0 & 0; \\ & 0 & 0 & e^{-\gamma_t^j \hbar} & 0; & 0 & 0 & 0 & e^{-\gamma_t^j \hbar} \end{bmatrix}$$

对于层状土体，由文献 [107] 可知，在相邻的土层间位移 u_x，u_y，u_z，w_z，p_f，σ_{xz}，σ_{yz}，σ_{zz} 是连续的。因此在频率 - 波数域内的第 j 层界面有如下连续性条件：

$$
\begin{cases}
\hat{\bar{\hat{u}}}_x^{(j)}(z_j) = \hat{\bar{\hat{u}}}_x^{(j+1)}(z_j) \\[2mm]
\hat{\bar{\hat{u}}}_y^{(j)}(z_j) = \hat{\bar{\hat{u}}}_y^{(j+1)}(z_j) \\[2mm]
\hat{\bar{\hat{u}}}_z^{(j)}(z_j) = \hat{\bar{\hat{u}}}_z^{(j+1)}(z_j) \\[2mm]
\hat{\bar{\hat{p}}}_f^{(j)}(z_j) = \hat{\bar{\hat{p}}}_f^{(j+1)}(z_j) \\[2mm]
\hat{\bar{\hat{\sigma}}}_{xz}^{(j)}(z_j) = \hat{\bar{\hat{\sigma}}}_{xz}^{(j+1)}(z_j) \qquad j = 1, 2, \cdots, N \\[2mm]
\hat{\bar{\hat{\sigma}}}_{yz}^{(j)}(z_j) = \hat{\bar{\hat{\sigma}}}_{yz}^{(j+1)}(z_j) \\[2mm]
\hat{\bar{\hat{\sigma}}}_{zz}^{(j)}(z_j) = \hat{\bar{\hat{\sigma}}}_{zz}^{(j+1)}(z_j) \\[2mm]
\hat{\bar{\hat{w}}}_z^{(j)}(z_j) = \hat{\bar{\hat{w}}}_z^{(j+1)}(z_j)
\end{cases}
\tag{2-47}
$$

由式(2-39)可知，第 j 层界面处的连续条件（式(2-47)）可变换为：

$$
\begin{bmatrix} -\boldsymbol{D}_d^{(j+1)} & \boldsymbol{D}_u^{(j)} \\ -\boldsymbol{S}_d^{(j+1)} & \boldsymbol{S}_u^{(j)} \end{bmatrix}
\begin{bmatrix} \boldsymbol{W}_d^{(j+1)}(z_j) \\ \boldsymbol{W}_u^{(j)}(z_j) \end{bmatrix}
=
\begin{bmatrix} -\boldsymbol{D}_d^{(j)} & \boldsymbol{D}_u^{(j+1)} \\ -\boldsymbol{S}_d^{(j)} & -\boldsymbol{S}_u^{(j+1)} \end{bmatrix}
\begin{bmatrix} \boldsymbol{W}_d^{(j)}(z_j) \\ \boldsymbol{W}_u^{(j+1)}(z_j) \end{bmatrix}
\tag{2-48}
$$

通过矩阵运算，由式(2-48)可得：

$$
\begin{bmatrix} \boldsymbol{W}_d^{(j+1)}(z_j) \\ \boldsymbol{W}_u^{(j)}(z_j) \end{bmatrix}
=
\begin{bmatrix} \boldsymbol{T}_d^{(j)} & \boldsymbol{R}_u^{(j)} \\ \boldsymbol{R}_d^{(j)} & \boldsymbol{T}_u^{(j)} \end{bmatrix}
\begin{bmatrix} \boldsymbol{W}_d^{(j)}(z_j) \\ \boldsymbol{W}_u^{(j+1)}(z_j) \end{bmatrix}
\tag{2-49}
$$

其中

$$
\begin{bmatrix} \boldsymbol{T}_d^{(j)} & \boldsymbol{R}_u^{(j)} \\ \boldsymbol{R}_d^{(j)} & \boldsymbol{T}_u^{(j)} \end{bmatrix}
=
\begin{bmatrix} -\boldsymbol{D}_d^{(j+1)} & \boldsymbol{D}_u^{(j)} \\ -\boldsymbol{S}_d^{(j+1)} & \boldsymbol{S}_u^{(j)} \end{bmatrix}^{-1}
\begin{bmatrix} -\boldsymbol{D}_d^{(j)} & \boldsymbol{D}_u^{(j+1)} \\ -\boldsymbol{S}_d^{(j)} & -\boldsymbol{S}_u^{(j+1)} \end{bmatrix}
$$

式中，4×4 矩阵 $\boldsymbol{R}_u^{(j)}$、$\boldsymbol{R}_d^{(j)}(\xi_x, \eta_y, \omega)$、$\boldsymbol{T}_u^{(j)}$、$\boldsymbol{T}_d^{(j)}$ 是 P_1 波、P_2 波、S 波在第 j 层界面处的反射和透射矩阵。

为简化分析，引入下列表达式：

$$
\begin{bmatrix} \boldsymbol{T}_{de}^{(j)} & \boldsymbol{R}_{ue}^{(j)} \\ \boldsymbol{R}_{de}^{(j)} & \boldsymbol{T}_{ue}^{(j)} \end{bmatrix}
=
\begin{bmatrix} \boldsymbol{T}_d^{(j)} & \boldsymbol{R}_u^{(j)} \\ \boldsymbol{R}_d^{(j)} & \boldsymbol{T}_u^{(j)} \end{bmatrix}
\begin{bmatrix} \boldsymbol{E}^{(j)}(h_j) & 0 \\ 0 & \boldsymbol{E}^{(j+1)}(h_{j+1}) \end{bmatrix}
\tag{2-50}
$$

$$
\begin{bmatrix} \boldsymbol{T}_{\mathrm{de}}^{\mathrm{g}(j)} & \boldsymbol{R}_{\mathrm{ue}}^{\mathrm{g}(j)} \\ \boldsymbol{R}_{\mathrm{de}}^{\mathrm{g}(j)} & \boldsymbol{T}_{\mathrm{ue}}^{\mathrm{g}(j)} \end{bmatrix} = \begin{bmatrix} \boldsymbol{T}_{\mathrm{d}}^{\mathrm{g}(j)} & \boldsymbol{R}_{\mathrm{u}}^{\mathrm{g}(j)} \\ \boldsymbol{R}_{\mathrm{d}}^{\mathrm{g}(j)} & \boldsymbol{T}_{\mathrm{u}}^{\mathrm{g}(j)} \end{bmatrix} \begin{bmatrix} \boldsymbol{E}^{(j)}(h_j) & 0 \\ 0 & \boldsymbol{E}^{(j+1)}(h_{j+1}) \end{bmatrix} \tag{2-51}
$$

$\boldsymbol{T}_{\mathrm{de}}^{\mathrm{g}(j)}$、$\boldsymbol{R}_{\mathrm{de}}^{\mathrm{g}(j)}$、$\boldsymbol{T}_{\mathrm{ue}}^{\mathrm{g}(j)}$、$\boldsymbol{R}_{\mathrm{ue}}^{\mathrm{g}(j)}$ 为一般化的 P_1 波、P_2 波、S 波在第 j 层界面处的反射和透射矩阵，具体表达式将在随后文中给出。

若第 M_{N+1} 层为半无限空间，根据波的散射，由式(2-49)可得：

$$
\boldsymbol{W}_{\mathrm{d}}^{(N+1)}(z_N) = \boldsymbol{T}_{\mathrm{d}}^{(N)} \boldsymbol{W}_{\mathrm{d}}^{(N)}(z_N) \tag{2-52}
$$

$$
\boldsymbol{W}_{\mathrm{u}}^{(N)}(z_N) = \boldsymbol{R}_{\mathrm{de}}^{\mathrm{g}(N)} \boldsymbol{W}_{\mathrm{d}}^{(N)}(z_N) \tag{2-53}
$$

其中
$$
\boldsymbol{R}_{\mathrm{de}}^{\mathrm{g}(N)} = \boldsymbol{R}_{\mathrm{d}}^{(N)}
$$

若第 M_{N+1} 层为不透水刚性层，根据在第 M_{N+1} 层与第 M_N 层间的连续条件有：

$$
\boldsymbol{D}_{\mathrm{d}}^{(N)} \boldsymbol{W}_{\mathrm{d}}^{(N)}(z_N) + \boldsymbol{D}_{\mathrm{u}}^{(N)} \boldsymbol{W}_{\mathrm{u}}^{(N)}(z_N) = 0 \tag{2-54}
$$

由式(2-54)可得：

$$
\boldsymbol{W}_{\mathrm{u}}^{(N)}(z_N) = \boldsymbol{R}_{\mathrm{d}}^{\mathrm{g}(N)} \boldsymbol{W}_{\mathrm{d}}^{(N)}(z_N) \tag{2-55}
$$

其中
$$
\boldsymbol{R}_{\mathrm{d}}^{\mathrm{g}(N)} = - \left[\boldsymbol{D}_{\mathrm{u}}^{(N)} \right]^{-1} \boldsymbol{D}_{\mathrm{d}}^{(N)}
$$

再由第 M_N 层与第 M_{N-1} 层间的连续条件有：

$$
\boldsymbol{W}_{\mathrm{d}}^{(N)}(z_{N-1}) = \boldsymbol{T}_{\mathrm{d}}^{(N-1)} \boldsymbol{W}_{\mathrm{d}}^{(N-1)}(z_{N-1}) + \boldsymbol{R}_{\mathrm{u}}^{N-1} \boldsymbol{W}_{\mathrm{u}}^{(N)}(z_{N-1}) \tag{2-56}
$$

$$
\boldsymbol{W}_{\mathrm{u}}^{(N-1)}(z_{N-1}) = \boldsymbol{R}_{\mathrm{d}}^{(N-1)} \boldsymbol{W}_{\mathrm{d}}^{(N-1)}(z_{N-1}) + \boldsymbol{T}_{\mathrm{u}}^{N-1} \boldsymbol{W}_{\mathrm{u}}^{(N)}(z_{N-1}) \tag{2-57}
$$

由式(2-56)或式(2-57)及式(2-54)、式(2-55)可得第 M_N 层的下行波矢量用第 M_{N-1} 层表示为：

$$
\boldsymbol{W}_{\mathrm{d}}^{(N)}(z_{N-1}) = \boldsymbol{T}_{\mathrm{d}}^{\mathrm{g}(N-1)} \boldsymbol{W}_{\mathrm{d}}^{(N-1)}(z_{N-1}) \tag{2-58}
$$

$$
\boldsymbol{T}_{\mathrm{d}}^{\mathrm{g}(N-1)} = \left[\boldsymbol{I} - \boldsymbol{R}_{\mathrm{ue}}^{(N-1)} \boldsymbol{R}_{\mathrm{de}}^{\mathrm{g}(N)} \right]^{-1} \boldsymbol{T}_{\mathrm{d}}^{(N-1)} \tag{2-59}
$$

式中，$\boldsymbol{I}$ 为 4×4 单位矩阵。

从式(2-55)、式(2-58)中可以看出，第 M_N 层的上、下行波矢量 $\boldsymbol{W}_{\mathrm{d}}^{(N)}(z_{N-1})$、$\boldsymbol{W}_{\mathrm{u}}^{(N)}(z_{N-1})$ 均由第 M_{N-1} 层下行波 $\boldsymbol{W}_{\mathrm{d}}^{(N-1)}(z_{N-1})$ 表示。

由此类推，第 j 层的上、下行波矢量 $\boldsymbol{W}_{\mathrm{d}}^{(j)}(z_{j-1})$、$\boldsymbol{W}_{\mathrm{u}}^{(j)}(z_{j-1})$ 均由第一层下行波 $\boldsymbol{W}_{\mathrm{d}}^{(1)}(z_1)$ 表示：

$$
\boldsymbol{W}_{\mathrm{d}}^{(j)}(z_{j-1}) = \boldsymbol{T}_{\mathrm{de}}^{\mathrm{g}(j-1)} \boldsymbol{T}_{\mathrm{de}}^{\mathrm{g}(j-2)} \cdots \boldsymbol{T}_{\mathrm{de}}^{\mathrm{g}(2)} \boldsymbol{T}_{\mathrm{de}}^{\mathrm{g}(1)} \boldsymbol{W}_{\mathrm{d}}^{(1)}(z_1) \tag{2-60}
$$

$$
\boldsymbol{W}_{\mathrm{u}}^{(j)}(z_j) = \boldsymbol{R}_{\mathrm{de}}^{\mathrm{g}(j)} \boldsymbol{W}_{\mathrm{d}}^{(j)}(z_j) \tag{2-61}
$$

$$R_{de}^{g(j)} = R_d^{(j)} + T_{ue}^{(j)} R_{de}^{g(j+1)} T_d^{g(j)} \tag{2-62}$$

$$T_{de}^{g(j)} = [I - R_{ue}^{(j)} R_{de}^{g(j+1)}]^{-1} T_{de}^{(j)}, j = 2,3,\cdots,N \tag{2-63}$$

当饱和土体是透水的, 则有如下边界条件:

$$\begin{cases} \hat{\bar{\bar{\sigma}}}_{xz}^{(1)}(z_0) = 0 \\[2mm] \hat{\bar{\bar{\sigma}}}_{yz}^{(1)}(z_0) = 0 \\[2mm] \hat{\bar{\bar{\sigma}}}_{zz}^{(1)}(z_0) = -\hat{\bar{\bar{F}}} \\[2mm] \hat{\bar{\bar{p}}}_f^{(1)}(z_0) = 0 \end{cases} \tag{2-64}$$

由式(2-64)可得:

$$S_d^{(1)} W_d^{(1)}(z_0) + S_u^{(1)} W_u^{(1)}(z_0) = \hat{\bar{\bar{Q}}} \tag{2-65}$$

其中

$$\hat{\bar{\bar{Q}}} = \begin{bmatrix} 0 & 0 & \hat{\bar{\bar{\sigma}}}_{zz}^{(1)}(z_0) & 0 \end{bmatrix}^T$$

再由式(2-61)可得:

$$W_u^{(1)}(z_0) = E^{(1)}(h_1) R_{de}^{g(1)} W_d^{(1)}(z_0)$$

把上式代入式(2-65), 则可得第一层的下行波矢量:

$$W_d^{(1)}(z_0) = [S_d^{(1)} + S_u^{(1)} E^{(1)}(h_1) R_{de}^{g(1)}]^{-1} \hat{\bar{\bar{Q}}} \tag{2-66}$$

式中, $R_{de}^{g(1)}$ 的表达式见式(2-62)。

若求解出第一层波矢量后, 则根据层状土体的 TRM 法可知, 任意第 j 层的上、下行波矢量 $W_d^{(j)}(z_{j-1})$、$W_u^{(j)}(z_j)$ 均可由第一层下行波 $W_d^{(1)}(z_1)$ 表示, 即可得到频率-波数域内各层土的位移、应力、孔压表达式。

2.4 饱和土体表面受移动荷载作用的时间-空间域内解

根据上述推导, 不失一般性, 对于均质或层状饱和土体表面受移动荷载作用问题, 设用 $\hat{\bar{\bar{\Omega}}}^*(\xi_x, \eta_y, z, \omega)$ 表示所有频率波数域内的变量, 则有:

对于移动点荷载则有:

$$\hat{\bar{\bar{\Omega}}}(\xi_x, \eta_y, z, \omega) = -2\pi F_z \delta(\omega - \omega_0 + c\xi_x) \hat{\bar{\bar{\Omega}}}^*(\xi_x, \eta_y, z, \omega) \tag{2-67}$$

对于移动矩形分布荷载, 则有:

$$\widetilde{\overset{\approx}{\Omega}}(\xi_x, \eta_y, z, \omega) = -2\pi q_F \frac{\sin(\xi_x a)}{\xi_x} \frac{\sin(\eta_y b)}{\eta_y} \delta(\omega - \omega_0 + \xi_x c) \cdot$$

$$\overset{\approx}{\widetilde{\Omega}}{}^*(\xi_x, \eta_y, z, \omega) \tag{2-68}$$

对式(2-67)、式(2-68)进行 $\omega \to t$、$\xi_x \to x$、$\eta_y \to y$ 的三重傅里叶逆变换, 并考虑到 Dirac-δ 函数的性质, 则多重傅里叶逆变换可简化为:

$$\Omega(x, y, z, t) = -\frac{F_z e^{i\omega_0 t}}{(2\pi)^2} \int_{-\infty}^{+\infty}\int_{-\infty}^{+\infty} \overset{\approx}{\widetilde{\Omega}}(\xi_x, \eta_y, z, \omega_0 - \xi_x c) e^{i\xi_x(x-ct)} e^{i\eta_y} d\xi_x d\eta_y \tag{2-69}$$

$$\Omega(x, y, z, t) = -\frac{q_F e^{i\omega_0 t}}{(2\pi)^2} \int_{-\infty}^{+\infty}\int_{-\infty}^{+\infty} \overset{\approx}{\widetilde{\Omega}}(\xi_x, \eta_y, z, \omega_0 - \xi_x c) \frac{\sin(\xi_x a)}{\xi_x} \frac{\sin(\eta_y b)}{\eta_y} \cdot$$

$$e^{i\xi_x(x-ct)} e^{i\eta_y} d\xi_x d\eta_y \tag{2-70}$$

2.5　数值计算方法

考虑到饱和土体内孔隙流体与固体骨架之间存在内摩擦力 ($b_p \neq 0$), 所以, 式(2-69)、式(2-70)中关于水平波数 ξ_x、η_y 的积分路径上不会出现分支点和奇点。但由于被积函数表达式较为复杂, 因此很难得出傅里叶逆变换的封闭形式解, 式(2-69)、式(2-70)中的积分一般只能采用数值积分的方法进行计算。数值积分的主要困难在于确定积分限, 这也许是大多数文献中没有给出数值结果的主要原因。对于确定积分限的问题, 这里采用先分析被积函数在频域、波数域内的图形, 确定最大的截止波数 ξ_{max}、η_{max}, 即当 $|\xi_x| > \xi_{max}$、$|\eta_y| > \eta_{max}$ 时, 被积函数在波数域内的值几乎为 0, 即可方便地确定积分限。另外, 空间间隔 Δx、Δy 以及相邻两个样本波数点的增量 $\Delta\xi$、$\Delta\eta$ 满足如下关系式:

$$\begin{cases} \Delta x = \dfrac{L_x}{N_x} \leqslant \dfrac{\pi}{\xi_{max}} \\[2mm] \Delta\xi = \dfrac{2\pi}{L_x} \\[2mm] \Delta y = \dfrac{L_y}{N_y} \leqslant \dfrac{\pi}{\eta_{max}} \\[2mm] \Delta\eta = \dfrac{2\pi}{L_y} \end{cases} \tag{2-71}$$

式中　L_x, L_y——空间计算区间;

N_x，N_y——波数的离散样本点数，且为奇数点，$N_x = 2n + 1$，$N_y = 2m + 1$。

最后，采用傅里叶逆变换[107]得到时间-空间域内的解。

2.6 数值验证与算例分析

2.6.1 数值验证

2.6.1.1 算例 1

饱和土体的参数值为：$\mu = 2.0 \times 10^7 \text{N/m}^2$，$\lambda = 4.0 \times 10^7 \text{N/m}^2$，$\alpha = 0.97$，$\phi = 0.4$，$a_\infty = 2.0$，$b_p = 1.94 \times 10^6 \text{kg/(m}^3 \cdot \text{s)}$，$M = 2.4 \times 10^8 \text{N/m}^2$，$\rho_s = 2.0 \times 10^3 \text{kg/m}^3$，$\rho_f = 1.0 \times 10^3 \text{kg/m}^3$。

计算模型如图 2-2 所示，移动点荷载分别以速度 $c = 0.5v_{\text{SH}}$ 和 $c = 1.5v_{\text{SH}}$ 沿 x 轴正方向移动，且荷载初始频率 $\omega_0 = 0$，在波数域内，当 $-16 \leqslant \xi_x$，$\eta_y \leqslant 16$ 时，饱和土体表面竖向位移 u_z 的幅值等值线如图 2-3 所示。在计算中，样本点 $N_x \times N_y = 2049 \times 2049$。从图 2-3 可知，当荷载速度 $c = 0.5v_{\text{SH}}$ 时，饱和土体表面竖向位移幅值的等值线图关于 ξ_x、η_y 轴对称，但当荷载速度 $c = 1.5v_{\text{SH}}$ 时，饱和土体表面竖向位移幅值的等值线图不再关于 ξ_x 轴对称。图 2-3 还表明，在 $|\xi_x| \approx 16.0$、$|\eta_y| \approx 16.0$ 的等值线图上，饱和土体表面竖向位移幅值仅为最大值的 0.0001%，因此，样本点 $N_x \times N_y = 2049 \times 2049$ 及在 $-16 \leqslant \xi_x$，$\eta_y \leqslant 16$ 区间条件下，计算能够满足傅里叶逆变换要求，即不会发生泄频现象。通过相同的分析方法可知，当波数的离散样本点数取 $N_x = N_y = 2049$，积分域取 $|\xi_x, \eta_y| \leqslant 16$ 时，对于荷载在其他速度情况下，同样可以满足计算要求。

根据文献 [40] 可知，当饱和土体参数 α，b_p，M，ρ_f，ϕ，a_∞ 接近 0 时，饱和土体可退化为弹性土体。为与文献 [7] 结果比较，在计算中，饱和土体参数 α、b_p、M、ρ_f、ϕ、a_∞ 值为 0.0001，其余的参数取值为 $\mu = 2.0 \times 10^7 \text{N/m}^2$，$\lambda = 4.0 \times$

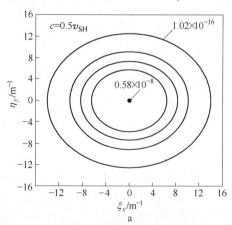

a

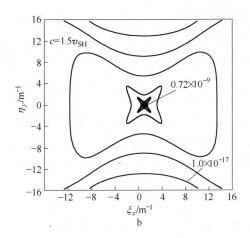

图 2-3　移动点荷载作用下表面竖向位移幅值
在波数域的等值线图
a— $c = 0.5v_{SH}$；b— $c = 1.5v_{SH}$

10^7N/m^2，$\rho_s = 2.0 \times 10^3 \text{kg/m}^3$。当饱和土体退化为弹性土体，为了避免奇点对傅里叶逆变换积分的影响，在这里采用 Lame 常数为复数的方法[40]进行处理，即：$\lambda = \lambda_0(1 + i\zeta)$，$\mu = \mu_0(1 + i\zeta)$，$\zeta = 0.03$。当计算模型退化至均质弹性土模型时，观测点 $A(0.0\text{m}, 0.0\text{m}, 1.0\text{m})$ 在移动点荷载速度为 $c = 50\text{m/s}$，$c = 90\text{m/s}$，$c = 150\text{m/s}$ 时竖向位移随时间变化情况如图 2-4 所示，文献［7］的结果同样标示在图 2-4 中，其中位移进行了无量纲化处理：$u_z^* = 2\pi\mu u_z a_R / F_z$，参考长度 $a_R = 1.0\text{m}$。从图 2-4 中可知，本文计算方法所得结果与文献［7］所列结果一致。

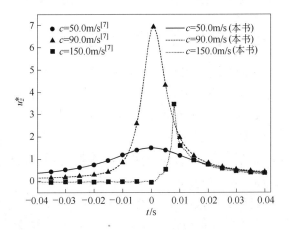

图 2-4　退化为弹性土体解与文献［7］结果比较

2.6.1.2 算例2

考虑二层饱和土体情况，第一层土体参数为 $\mu^{(1)} = 0.423 \times 10^9 \mathrm{N/m}^2$，$\lambda^{(1)} = 2.33\mu^{(1)}$，$h^{(1)} = 2.0\mathrm{m}$；第二层为半无限空间，参数为 $\mu^{(2)} = 2.0 \times 10^9 \mathrm{N/m}^2$，$\lambda^{(2)} = 2.33\mu^{(1)}$，$\rho_s^{(1)} = \rho_s^{(2)} = 2.0 \times 10^3 \mathrm{kg/m}^3$，采用算例1的计算方法，每层土体的 M、b_p、ρ_f、α、ϕ 趋近于0，则饱和土体解退化为弹性解。为了避免奇点对积分的影响，Lame 常数同样采用复数[40]方法处理，$\lambda = \lambda_0(1 + \mathrm{i}\beta_s)$，$\mu = \mu_0(1 + \mathrm{i}\beta_s)$，$\beta_s = 0.03$。荷载以速度 $c = 70.0\mathrm{m/s}$ 沿 x 轴正向移动，位于第一层土体中观测点 A（0.0m，0.0m，1.0m）的无量纲化竖向位移 $u^* = \mu^{(2)} u_z a_R / F_z$ 随时间变化如图2-5所示，其中参考长度 $a_R = 1.0\mathrm{m}$。文献［6］给出了相同问题的解，将文献［6］的计算结果同样列于图2-5中，从图中可以看出本书计算方法所得结果与文献［6］结果吻合，说明本文所用的计算方法是正确的。

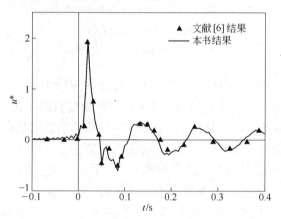

图2-5　退化为弹性二层土体的解与文献［6］解的比较

2.6.2 均质饱和土体表面受移动荷载作用的动力响应

以文献［108］提供的上海地区实际饱和土参数为例进行计算分析，考察移动矩形分布荷载作用下饱和半无限空间体的动力响应。饱和土体的参数取值为：$\mu = 2.0 \times 10^7 \mathrm{N/m}^2$，$\phi = 0.3$，$\lambda = 2.0 \times 10^7 \mathrm{N/m}^2$，$\alpha = 0.97$，$a_\infty = 2.0$，$b_p = 1.0 \times 10^8 \mathrm{kg/(m}^3 \cdot \mathrm{s)}$，$M = 2.4 \times 10^8 \mathrm{N/m}^2$，$\rho_s = 2.0 \times 10^3 \mathrm{kg/m}^3$，$\rho_f = 1.0 \times 10^3 \mathrm{kg/m}^3$。移动矩形荷载沿 x 轴正方向以速度 c 移动，荷载初始频率为 $\omega_0 = 0$。矩形荷载长、宽分别为 $2a = 1.0\mathrm{m}$，$2b = 1.0\mathrm{m}$，荷载集度 $q_F = 1.0 \times 10^4 \mathrm{Pa}$。

在算例分析中，讨论了荷载速度 c，饱和土体参数 M、μ、b_p 对土体位移、孔压、土体中应力响应的影响。值得指出的是，当分析某一参数时，其他参数值保持不变。

2.6.2.1 考察荷载移动速度 c 对土体响应影响

定义土体竖向位移放大系数为 $\beta = \dfrac{u_{z\max}(x,y,z,t)\mid_c}{u_{z\max}(x,y,z,t)\mid_{c=0}}$，其中，$u_{z\max}(x,y,z,t)\mid_{c=0}$ 为荷载速度 $c=0$ 时最大竖向位移，$u_{z\max}(x,y,z,t)\mid_c$ 为荷载速度 c 时土体最大竖向位移。

在动荷载作用下，饱和土、弹性土体模型中观察点 $A(0\mathrm{m},0\mathrm{m},0\mathrm{m})$ 处的竖向位移放大系数 β 随荷载移动速度 c 的变化情况如图 2-6 所示，图中 $v_{\mathrm{SH}} = \sqrt{\mu/\rho}$。

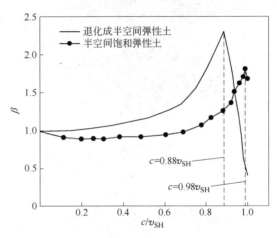

图 2-6　竖向位移放大系数随荷载速度变化关系

从图 2-6 中可以看出：当荷载速度 c 较小时，放大系数 β 变化较小，即移动荷载产生的动力效果不显著，随着荷载速度增加，放大系数 β 增大，当荷载速度 c 达到某一速度时，放大系数 β 达到最大值，该放大系数 β 的最大值所对应的荷载速度为土体的瑞利波速 c_R。对于弹性土 $c = 0.88v_{\mathrm{SH}}$、饱和土 $c = 0.98v_{\mathrm{SH}}$ 时放大系数 β 达到最大值。值得指出的是，当荷载速度较小时，饱和土、弹性土动力放大系数相差不大，但当荷载速度接近土体瑞利波速 c_R 时，饱和土体的动力放大系数明显小于弹性土，并且当荷载速度超过土体瑞利波速 c_R 后，弹性土动力放大系数急剧下降，而饱和土体的下降趋势缓慢。这主要是由于饱和土体中土相、水相在高速时互相耦合，因此，高速移动荷载对饱和土、弹性土的动力影响有明显区别。

下面分别讨论荷载速度对饱和土体动力响应的位移、孔压及应力分布的影响。相对而言，在相同大小、相同速度的移动矩形分布荷载作用下，相对于竖向位移 u_z 和水平位移 u_x 而言，水平位移 u_y 远远小于前两者，因此，这里没有讨论水平位移 u_y 的相关结果。

A　荷载速度 c 对饱和土体的水平位移 u_x 影响

在移动矩形分布荷载作用下，半空间饱和土体 $z = 1.0\mathrm{m}$ 平面内的水平位移 u_x 在 $t = 0.0\mathrm{s}$ 时刻的波形变化如图 2-7 所示，荷载速度包括 $c = 0.5v_{SH}$，$c = 0.7v_{SH}$，$c = 0.9v_{SH}$，$c = 1.2v_{SH}$，其中 $v_{SH} = \sqrt{\mu/\rho}$。

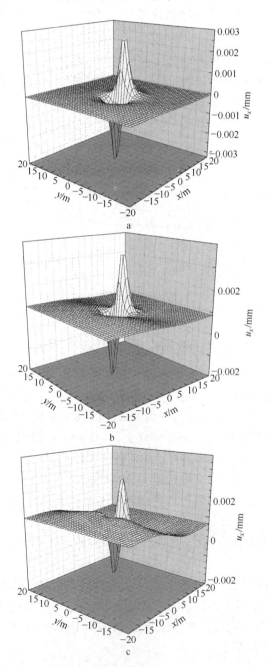

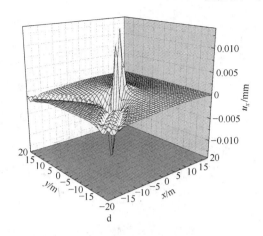

图2-7　在 $t = 0.0$ s 时刻，饱和土体水平位移 u_x 在
$-20\mathrm{m} \leqslant x,\ y \leqslant 20\mathrm{m},\ z = 1.0\mathrm{m}$ 的波形
a—$c = 0.5v_{\mathrm{SH}}$；b—$c = 0.7v_{\mathrm{SH}}$；c—$c = 0.9v_{\mathrm{SH}}$；d—$c = 1.2v_{\mathrm{SH}}$

由图2-7可见，当荷载速度在 v_{SH} 前后，水平位移 u_x 的空间分布存在明显不同：当荷载速度 c 小于 $0.7v_{\mathrm{SH}}$ 时，饱和半空间土体的水平位移 u_x 关于 $x = 0.0\mathrm{m}$ 平面基本上是反对称的。而当荷载速度 c 再增大时，饱和半空间土体的水平位移 u_x 关于 $x = 0.0\mathrm{m}$ 平面不再具有反对称性。另外，对于荷载作用前方与荷载作用点的纵向距离相等的各点而言，水平位移 u_x 的最大值并不出现在荷载的运动路径上，而是出现在荷载运动路径的两侧，且随着与荷载作用点的纵向距离的增大，水平位移 u_x 最大值点与荷载作用点的横向距离越大，即越偏离荷载的运动路径，即有马赫现象出现。

　　B　荷载速度 c 对饱和土体的竖向位移 u_z 影响

在移动矩形分布荷载作用下，饱和半空间土体 $z = 1.0\mathrm{m}$ 平面内的竖向位移 u_z 在 $t = 0.0$ s 时刻的波形如图2-8所示，荷载速度包括 $c = 0.5v_{\mathrm{SH}}$、$c = 0.7v_{\mathrm{SH}}$、$c = 0.9v_{\mathrm{SH}}$、$c = 1.2v_{\mathrm{SH}}$，其中 $v_{\mathrm{SH}} = \sqrt{\mu/\rho}$。

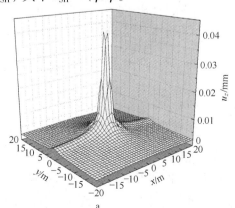

a

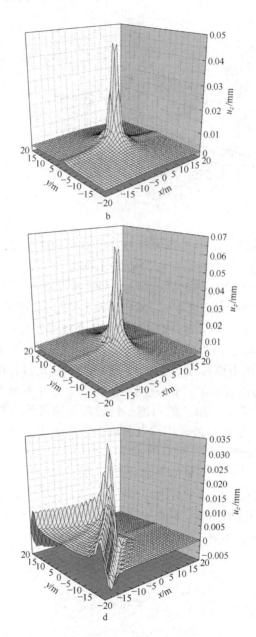

图 2-8   在 $t = 0.0\mathrm{s}$ 时刻，饱和土体竖向位移 u_z 在 $-20\mathrm{m} \leqslant x, y \leqslant 20\mathrm{m}, z = 1.0\mathrm{m}$ 的波形

a—$c = 0.5v_{\mathrm{SH}}$；b—$c = 0.7v_{\mathrm{SH}}$；c—$c = 0.9v_{\mathrm{SH}}$；d—$c = 1.2v_{\mathrm{SH}}$

由图 2-8 可见，当荷载速度在 v_{SH} 前后，竖向位移 u_z 的空间分布存在明显不同：当荷载速度 c 小于 $0.7v_{\mathrm{SH}}$，饱和半空间土体的竖向位移 u_z 关于 $x = 0.0\mathrm{m}$ 平面基本上是对称的。而当荷载速度 c 再增大时，饱和半空间土体的竖向位移 u_z 关于

$x = 0.0$m 平面不再具有对称性。另外，对于荷载作用前方与荷载作用点的纵向距离相等的各点而言，竖向位移 u_z 的最大值并不出现在荷载的运动路径上，而是出现在荷载运动路径的两侧，且随着与荷载作用点的纵向距离的增大，竖向位移 u_z 最大值点与荷载作用点的横向距离越大，越偏离荷载的运动路径，即有马赫现象出现。

C 荷载速度 c 对饱和土体内孔隙水压力 p_f 影响

在移动矩形分布载作用下，饱和半空间土体 $z = 1.0$m 平面内的孔隙水压力 p_f 在 $t = 0.0$s 时刻的波形如图 2-9 所示，荷载速度包括 $c = 0.5v_{SH}$、$c = 0.7v_{SH}$、$c = 0.9v_{SH}$、$c = 1.2v_{SH}$，其中 $v_{SH} = \sqrt{\mu/\rho}$。

由图 2-9 可知，孔隙水压力 p_f 的最大值随着速度的增大而增大。另外，当荷载速度小于剪切波速 v_{SH} 时，孔隙水压力 p_f 的空间分布基本上是相似的：在靠近荷载运动路径两侧的范围内，饱和半空间土体处孔隙水压力 p_f 较大；随着与荷载运动路径横向距离的增大，逐渐消失至零。而当荷载速度超过剪切波速 v_{SH} 时，在荷载两侧有负孔压出现。

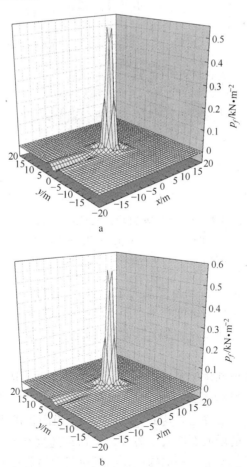

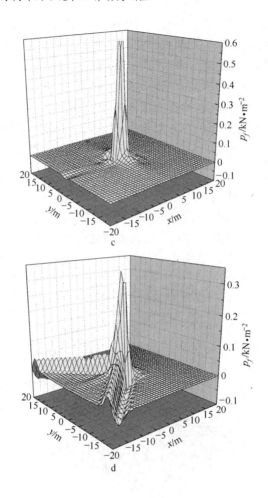

图 2-9 在 $t = 0.0\text{s}$ 时刻，饱和土体孔压 p_f 在

$-20\text{m} \leqslant x, y \leqslant 20\text{m}, z = 1.0\text{m}$ 的波形

a—$c = 0.5v_{\text{SH}}$；b—$c = 0.7v_{\text{SH}}$；c—$c = 0.9v_{\text{SH}}$；d—$c = 1.2v_{\text{SH}}$

D 荷载速度 c 对饱和土体内竖向正应力 σ_z 影响

移动矩形分布荷载作用下饱和半空间土体的应力分量较多，而本章仅给出饱和半空间土体的竖向正应力 σ_z。至于其他应力分量，计算上并不存在困难，这里未给出相关结果。

在移动矩形分布荷载作用下，饱和半空间土体 $z = 1.0\text{m}$ 平面内的竖向正应力 σ_z 在 $t = 0.0\text{s}$ 时刻的波形如图 2-10 所示，荷载速度包括 $c = 0.5v_{\text{SH}}$、$c = 0.7v_{\text{SH}}$、$c = 0.9v_{\text{SH}}$、$c = 1.2v_{\text{SH}}$，其中 $v_{\text{SH}} = \sqrt{\mu/\rho}$。由图 2-10 可知，竖向正应力的最大值随着荷载速度的增大而增大。另外，当荷载速度小于剪切波速 v_{SH} 时，竖向正应力的空间分布基本上是相似的：在靠近荷载运动路径两侧的范围内，饱和

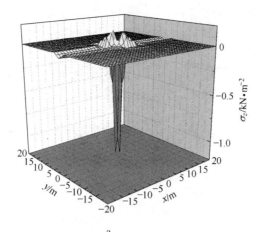

a

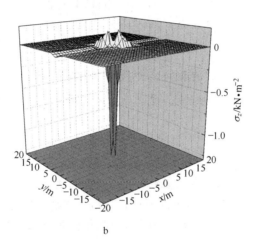

b

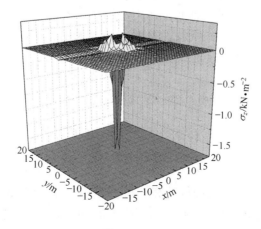

c

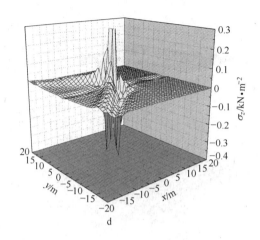

图 2-10   在 $t = 0.0\text{s}$ 时刻，饱和土体有效应力 σ_z 在

$-20\text{m} \leqslant x, y \leqslant 20\text{m}, z = 1.0\text{m}$ 的波形

$\text{a---}c = 0.5v_{\text{SH}}$；$\text{b---}c = 0.7v_{\text{SH}}$；$\text{c---}c = 0.9v_{\text{SH}}$；$\text{d---}c = 1.2v_{\text{SH}}$

半空间土体处于受压状态；在稍微远离荷载运动路径两侧的范围内，饱和半空间土体处于受拉状态；随着与荷载运动路径横向距离的增大，荷载的影响逐渐消失至零。

2.6.2.2　饱和土体水相压缩参数 M 对土体动力响应的影响

土体基本参数中，水相压缩参数分别取 $M = 2.0 \times 10^6 \text{N/m}^2$、$M = 2.0 \times 10^8 \text{N/m}^2$、$M = 2.0 \times 10^9 \text{N/m}^2$ 三种情况进行计算分析。当荷载速度 $c = 0.5v_{\text{SH}}$ 沿 x 轴正向经过观测点 $A(0.0\text{m}, 0.0\text{m}, 0.0\text{m})$ 时，饱和土体不同深度处的竖向位移、孔压及竖向应力变化情况如图 2-11 所示。

从图 2-11 中可知，随着饱和土体中水相压缩参数 M 的增大，同一深度处饱和土体最大竖向位移减小，但随着 M 再增大，对最大竖向位移增大幅度的影响较小；饱和土体孔压在一定深度处达到最大值，并且该值随 M 增大而增大，同样，随着 M 再增大，对孔压减小幅度影响较小；竖向应力随着深度增加而快速减小，随着 M 的增大，竖向应力随深度减小得更慢。

2.6.2.3　饱和土体 Lame 常数 μ 对土体动力响应的影响

土体基本参数中 Lame 常数分别取 $\mu = 2.0 \times 10^6 \text{N/m}^2$、$\mu = 2.0 \times 10^7 \text{N/m}^2$、$\mu = 2.0 \times 10^8 \text{N/m}^2$ 三种情况进行计算分析，$M = 2.0 \times 10^8 \text{N/m}^2$。当荷载速度 $c = 0.5v_{\text{SH}}$ 沿 x 轴正向经过观测点 $A(0.0\text{m}, 0.0\text{m}, 0.0\text{m})$ 时，饱和土体不同深度处最大的竖向位移、孔压及竖向应力变化情况如图 2-12 所示。

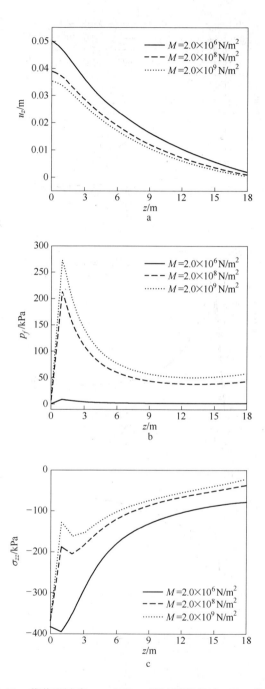

图 2-11 荷载以速度 $c = 0.5v_{SH}$ 经过观察点时，Biot 参数 M

对不同深度处土体动力响应的影响

a—竖向位移 u_z；b—孔压 p_f；c—竖向应力 σ_{zz}

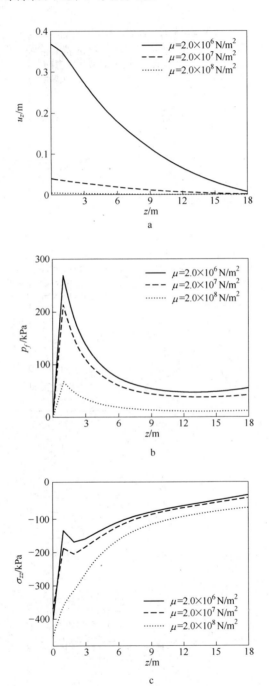

图 2-12　荷载以速度 $c = 0.5v_{SH}$ 经过观察点时，参数 μ
对不同深度处土体动力响应的影响
a—竖向位移 u_z；b—孔压 p_f；c—竖向应力 σ_{zz}

从图 2-12 可知，随着饱和土体 Lame 常数 μ 的增大，饱和土体表面最大竖向位移减小；在一定深度处，孔压达到最大值，并且该值随 μ 的增大而减小；竖向应力随着深度增加而快速减小，随着 μ 的增大，减小速度变慢。

2.6.2.4 饱和土体 b_p 对土体动力响应的影响

土体基本参数中 b_p 分别取 $b_p = 1.0 \times 10^7 \, \text{kg}/(\text{m}^3 \cdot \text{s})$、$b_p = 1.0 \times 10^8 \, \text{kg}/(\text{m}^3 \cdot \text{s})$、$b_p = 1.0 \times 10^9 \, \text{kg}/(\text{m}^3 \cdot \text{s})$ 三种情况进行计算分析，$\mu = 2.0 \times 10^7 \, \text{N}/\text{m}^2$，$M = 2.0 \times 10^8 \, \text{N}/\text{m}^2$。

当荷载速度 $c = 0.5 v_{\text{SH}}$ 沿 x 轴正向经过观测点 $A(0.0\text{m}, 0.0\text{m}, 0.0\text{m})$ 时，饱和土体不同深度处最大的竖向位移、孔压及竖向应力变化情况如图 2-13 所示。从图 2-13 可知，饱和土体参数 b_p 对不同深度处饱和土体最大竖向位移影响较小，但对孔压影响较大：随着 b_p 的增大，孔压幅度最大值也同样增大；竖向应力随着深度的增加而快速减小，随着 b_p 的增大，减小得更快。

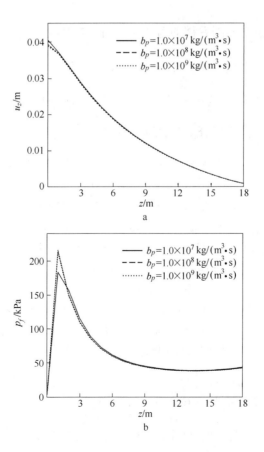

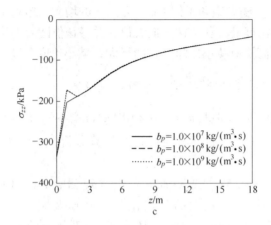

图 2-13　荷载以速度 $c = 0.5v_{SH}$ 经过观察点时，参数 b_p

对不同深度处土体动力响应的影响

a—竖向位移 u_z；b—孔压 p_f；c—竖向应力 σ_{zz}

2.6.3　层状饱和土体表面受移动荷载作用的动力响应

2.6.3.1　有下卧刚性层的层状饱和土体动力响应

当矩形移动分布荷载（$2a = 2b = 0.3\mathrm{m}$）沿 x 轴正向以不同速度（$c = 0.5v_{SH}$、

$c = 1.5v_{SH}$）作用在有下卧刚性不透水层的饱和土体表面上，其中 $v_{SH} = \sqrt{\dfrac{\mu^{(1)}}{\rho_s}}$，饱

和土体层参数取 $\mu^{(1)} = 1.5 \times 10^7 \mathrm{N/m^2}$，$\lambda^{(1)} = 0.50 \times 10^7 \mathrm{N/m^2}$，$a_\infty^{(1)} = 1.8$，

$\phi^{(1)} = 0.3$，$M^{(1)} = 5.0 \times 10^9 \mathrm{N/m^2}$，$b_p^{(1)} = 1.0 \times 10^{10} \mathrm{kg/(m^3 \cdot s)}$，$\rho_s^{(1)} = 2.0 \times$

$10^3 \mathrm{kg/m^3}$，$\rho_f^{(1)} = 1.0 \times 10^3 \mathrm{kg/m^3}$，$\alpha^{(1)} = 0.97$，参考量 $a_R = 1.0\mathrm{m}$，$\mu_R = 1.5 \times$

$10^7 \mathrm{N/m^2}$。在不同刚性层厚度 $h^{(1)} = 1.0\mathrm{m}$、$h^{(1)} = 10.0\mathrm{m}$、$h^{(1)} = 30.0\mathrm{m}$ 时，土体

表面的无量纲化竖向位移幅值 $u^* = \mu_R u_z a_R / (F_z ab)$ 在区域 $-5.0\mathrm{m} \leqslant x' = x - ct$

$\leqslant 5.0\mathrm{m}$，$y = z = 0.0\mathrm{m}$ 的变化情况如图 2-14 所示。

从图 2-14a 中可以看出，不论土体层厚为 $1.0\mathrm{m}$、$10.0\mathrm{m}$ 还是 $30.0\mathrm{m}$，竖向位

移基本是关于 $x' = 0$ 对称的。从图 2-14b 中可以看出，在荷载速度为 $c = 1.5v_{SH}$

时的最大竖向位移幅值小于 $c = 0.5v_{SH}$ 时的最大位移幅值，而且当土层厚度较小

时，在高速时，竖向位移有明显的振荡性。其主要原因是刚性层表面有更多波的

反射。

2.6.3.2　三层土模型的层状饱和土体动力响应

假设底层为半无限饱和土体空间，第一、二层厚度为 $h^{(1)} = h^{(2)} = 2.0\mathrm{m}$，分

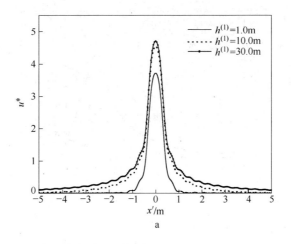

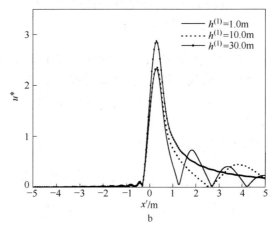

图 2-14 不同土体层厚对竖向位移幅值的影响

a—$c = 0.5v_{SH}$; b—$c = 1.5v_{SH}$

析下面层状土体三种性质情况对层状饱和土体的动力响应：(1)$\mu^{(1)}:\mu^{(2)}:\mu^{(3)} = 1:5:1$; (2)$\mu^{(1)}:\mu^{(2)}:\mu^{(3)} = 5:1:5$; (3)$\mu^{(1)}:\mu^{(2)}:\mu^{(3)} = 1:1:1$。其中 $\mu^{(3)} = 2.0 \times 10^8 \text{N/m}^2$。每层土体其他参数相同：$\rho_s^{(j)} = 2.0 \times 10^3 \text{kg/m}^3$, $\phi^{(j)} = 0.3$, $\alpha^{(j)} = 0.95$, $b_p^{(j)} = 5.77 \times 10^7 \text{kg/(m}^3 \cdot \text{s)}$, $a_\infty^{(j)} = 3.0$, $\lambda^{(j)} = \mu^{(j)}$, $j = 1,2,3$。荷载为移动集中点载荷，作用在饱和土体表面，沿 x 轴正方向。定义土体对荷载移动速度 c 响应的放大系数 β 为土体最大竖向位移 μ_z 与荷载作用在均质土且 $c = 0$ 时的最大竖向位移的比值，移动荷载作用下上述三种性状情况的层状土在观察点 $A(0.0\text{m},0.0\text{m},0.0\text{m})$ 处的放大系数 β 随荷载移动速度 c 的变化如图 2-15 所示。当荷载速度 c 达到瑞利波速 c_R 时，位移响应最大。

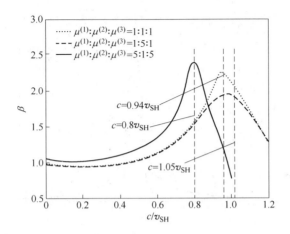

图 2-15 层状土的竖向位移放大系数
随荷载速度变化关系

从图 2-15 中可以看出：三种情况的层状土，瑞利波速 c_R 不同，分别为 $0.94v_{SH}$、$0.8v_{SH}$、$1.05v_{SH}$；荷载速度 c 达到瑞利波速 c_R 时放大系数 β 分别为 2.47、2.3、1.85 倍；在 $c = 0.5v_{SH} \sim c_R$ 时，含软弱夹层的层状土放大系数 β 比含有较硬层的 β 增加更快。

当荷载以不同速度 $c = 0.2v_{SH}$、$c = 0.5v_{SH}$、$c = 0.8v_{SH}$ 沿 x 轴正方向作用在三层层状饱和土体表面，其中 $v_{SH} = \sqrt{\dfrac{\mu^{(3)}}{\rho_s}}$，不同层状土体中观察点 $A(0.0\mathrm{m}, 0.0\mathrm{m}, 1.0\mathrm{m})$ 处无量纲化的竖向位移 $u^* = \mu^{(3)}u_z a_R / F_n$ 和无量纲化的孔压 $p^* = p_f / F_z$ 随时间变化情况如图 2-16 和图 2-17 所示。

从图 2-16a 可以看出：当荷载速度较小时，三种层状土体模型的位移几乎是对称的，图 2-16c 显示当荷载速度增加，轴对称明显破坏，在相同荷载速度下，有软夹层的层状土体的位移对称性更易消失，而且竖向位移幅值增大。

从图 2-17 可以看出：观察点 A 处的孔压随移动荷载速度的增加而增大，并且软夹层的存在使孔压升高更大。图 2-17a 显示当荷载速度为 $0.2v_{SH}$ 时，孔压在三种情况下都关于 y 轴对称。在图 2-17b 和图 2-17c 中显示，随着荷载速度的增加，在荷载接近或离开观察点时，有负孔压产生。另外，图 2-17b 表明，在层状土情况（2）和（3）中，在 $t = 0.0\mathrm{s}$ 前后有孔压极大值出现。而在图 2-17c 中显示三种情况的层状土体中孔压极大值均出现在 $t = 0.0\mathrm{s}$ 时刻。分析原因主要是由于在高速时饱和土体中水相、土骨架相互耦合的缘故。

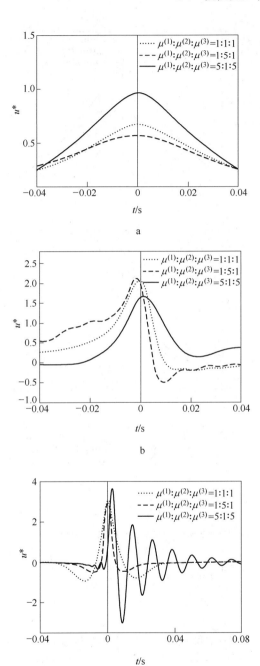

图 2-16　荷载速度对层状饱和土体中的观测点
$A(0.0\mathrm{m}, 0.0\mathrm{m}, 1.0\mathrm{m})$ 的竖向位移的影响

a—$c=0.2v_{\mathrm{SH}}$；b—$c=0.5v_{\mathrm{SH}}$；c—$c=0.8v_{\mathrm{SH}}$

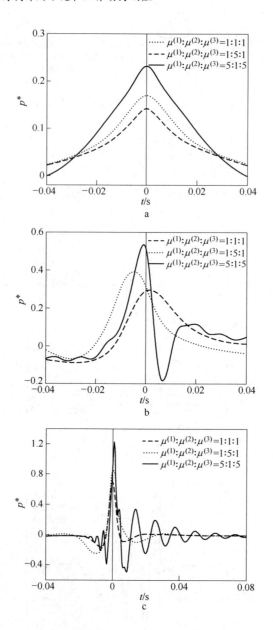

图 2-17   荷载速度对层状饱和土体中的观测点 $A(0.0\text{m}, 0.0\text{m}, 1.0\text{m})$ 的孔压的影响

a—$c = 0.2v_{\text{SH}}$；b—$c = 0.5v_{\text{SH}}$；c—$c = 0.8v_{\text{SH}}$

3 桩顶简谐荷载作用下层状饱和土中桩基础动力响应

本章根据 Muki 虚拟桩法和层状饱和土体内部受简谐荷载作用的传递、透射矩阵法（TRM），建立了单、群桩-层状土体的第二类 Fredholm 积分方程，通过离散的数值积分方法求解积分方程，分析了桩顶轴向、水平简谐荷载作用下层状饱和土体中单、群桩的动力响应。

3.1 桩顶竖向简谐荷载作用下层状饱和土体中单桩的动力响应

本节利用 Muki 虚拟桩和传递透射矩阵法对层状饱和土体中单桩桩顶受轴向简谐荷载作用下的动力响应进行了研究，分析了饱和土体的不均匀性、桩土的杨氏模量比、桩长等对桩顶的阻抗影响，考察了夹层对桩周孔压、桩身轴力变化情况。

3.1.1 单桩-层状饱和土体系的第二类 Fredholm 积分方程

计算模型如图 3-1 所示，桩顶作用有轴向简谐荷载 $Qe^{i\omega t}$ 的单桩，直径 d，桩长 $L(d/L \ll 1)$ 埋入层状饱和土体中。参考 Muki 和 Sternberg[56,57] 及 Pak 和 Jennings[109] 方法，该问题的解可由两部分组成：扩展的层状饱和土体和虚拟桩，如图 3-2 所示。另据 Halpern 和 Christiano[110] 报道，在低频竖向荷载作用下，考虑

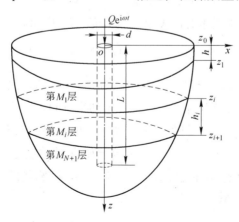

图 3-1 简谐轴向荷载作用下层状饱和土地基中单桩模型

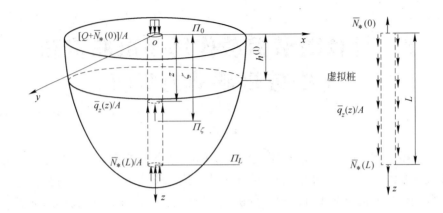

图 3-2 层状土体中单桩分解为扩展的层状饱和土体和虚拟桩

饱和土体中板的透水和不透水性对板的竖向变形几乎没有多大影响。因此,不严格考虑桩土接触界面的透水性对于计算来说是合理的。为简化分析,只以两层层状饱和土体中单桩响应作分析建立第二类 Fredholm 积分方程,对于其他任意多层的层状饱和土体可采用相同的方法得到。两层层状饱和土体模型为上层层状土,下层为半无限空间体。上层土体的 Lame 常量、密度、厚度分别为 $\lambda^{(1)}$、$\mu^{(1)}$、$\rho^{(1)}$、h;下层为半无限空间体的 Lame 常量、密度分别为 $\lambda^{(2)}$、$\mu^{(2)}$、$\rho^{(2)}$。虚拟桩相应地分为两个部分,其杨氏模量、密度分别为[56,57]:

$$E_{p*}^{(1)} = E_p - E_s^{(1)}, \quad \rho_{p*}^{(1)} = \rho_p - \rho^{(1)} \tag{3-1a}$$

$$E_{p*}^{(2)} = E_p - E_s^{(2)}, \quad \rho_{p*}^{(2)} = \rho_p - \rho^{(2)} \tag{3-1b}$$

式中 E_p,ρ_p ——桩的杨氏模量与密度;

$E_s^{(i)}$,$\rho^{(i)}$ ——层状土体的杨氏模量与密度 ($i = 1$, 2),且:

$$E_s^{(i)} = \mu^{(i)}(3\lambda^{(i)} + 2\mu^{(i)})/(\lambda^{(i)} + \mu^{(i)}), \quad i = 1, 2$$

记虚拟桩的轴力为 $\bar{N}_*(z)$,桩侧竖向荷载为 $\bar{q}_z(z)$。虚拟桩顶端、底部所受荷载为 $\bar{N}_*(0)$、$\bar{N}_*(L)$,如图 3-2 所示。扩展层状饱和半空间土所受荷载为:在圆形区域 Π_z 上的均布荷载为 $\bar{q}_z(z)/A$,桩顶、底部所对应的圆形区域 Π_0、Π_L 上的均布荷载为 $[P - \bar{N}_*(0)]/A$、$\bar{N}_*(L)/A$。其中,$A = \pi R^2$ 是桩的横截面积。

根据杆的振动理论,虚拟桩的轴力为 $\bar{N}_*(z)$,桩侧竖向荷载为 $\bar{q}_z(z)$ 及桩身位移 $\bar{u}_{zp*}(z)$ 有如下关系:

$$\bar{q}_z(z) = -\frac{\mathrm{d}\bar{N}_*(z)}{\mathrm{d}z} + \rho_{p*}A\omega^2\bar{u}_{zp*}(z) \tag{3-2}$$

$$\bar{u}_{zp*}(z) = \bar{u}_{zp*}(0) + \frac{1}{E_{p*}A}\int_0^z \bar{N}_*(\eta)\,\mathrm{d}\eta \tag{3-3}$$

式中　$\bar{u}_{zp*}(z)$——虚拟桩的竖向位移，当 $0 \leqslant z \leqslant h$ 时，$\rho_{p*} = \rho_{p*}^{(1)}$，$E_{p*} = E_{p*}^{(1)}$；
　　　　而当 $h \leqslant z \leqslant L$ 时，$\rho_{p*} = \rho_{p*}^{(2)}$，$E_{p*} = E_{p*}^{(2)}$。

对于桩-层状土体的接触面协调条件为沿桩轴向即 z 轴的方向任意位置处虚拟桩的竖向应变和扩展层状半空间饱和土同一位置处的竖向应变相等：

$$\bar{\varepsilon}_{zp*}(z) = \bar{\varepsilon}_{zs}(z),\ 0 \leqslant z < h,\ h < z \leqslant L \tag{3-4}$$

式中　$\bar{\varepsilon}_{zp*}(z)$——虚拟桩的竖向应变。

沿 z 轴方向扩展层状半空间饱和土的竖向应变为：

$$\bar{\varepsilon}_z(z) = [\,Q + \bar{N}_*(0)\,]\bar{\varepsilon}_z^{(G)}(0,z) - \bar{N}_*(L)\bar{\varepsilon}_z^{(G)}(L,z) -$$
$$\int_0^L \bar{q}_z(\zeta)\bar{\varepsilon}_z^{(G)}(\zeta,z)\,\mathrm{d}\zeta,\ 0 \leqslant z < h,\ h < z \leqslant L \tag{3-5}$$

式中　$\bar{\varepsilon}_z^{(G)}(\zeta, z)$——竖向均布的圆形荷载作用在区域 Π_ζ 引起的圆形区域 Π_z 的
　　　　　　　竖向应变（图 3-2），其表达式可由文献[48]中关于层
　　　　　　　状土体内部受竖向简谐荷载作用的传递、透射矩阵
　　　　　　　（TRM）法可知。

对于两层的层状饱和土，考虑到虚拟桩的轴力在两层的层间处不连续，因此，式(3-3)、式(3-5)中的积分应该在层间处断开。

由式(3-2)、式(3-4)及式(3-5)可得：

$$\bar{\varepsilon}_z(z) = Q\bar{\varepsilon}_z^{(G)}(0,z) - \bar{N}_*(z)[\,\bar{\varepsilon}_z^{(G)}(z^+,z) - \bar{\varepsilon}_z^{(G)}(z^-,z)\,] -$$
$$\int_0^L \bar{N}_*(z)\frac{\partial\bar{\varepsilon}_z^{(G)}(\zeta,z)}{\partial\zeta}\mathrm{d}\zeta + \int_0^L [\,\rho_{p*}(\zeta)A\omega^2\,]\bar{u}_{zp*}(\zeta)\,\bar{\varepsilon}_z^{(G)}(\zeta,z)\mathrm{d}\zeta$$

$$0 \leqslant z < h,\ h < z \leqslant L \tag{3-6}$$

式中　$\bar{\varepsilon}_z^{(G)}(z^-,z)$，$\bar{\varepsilon}_z^{(G)}(z^+,z)$——分别为作用在圆形区域 Π_ζ 的竖向均布荷载
　　　　　　　　　从上、下部无限趋近于 Π_z 处的竖向应变。

由式(3-2)~式(3-6)可得到桩-层状饱和土体相互作用的第二类 Fredholm 积分方程：

$$\frac{\bar{N}_*(z)}{E_{p*}A^{(i)}} + \bar{N}_*(z)[\,\bar{\varepsilon}_z^{(G)}(z^+,z) - \bar{\varepsilon}_z^{(G)}(z^-,z)\,] + \int_0^L \bar{N}_*(\zeta)\frac{\partial\bar{\varepsilon}_z^{(G)}(\zeta,z)}{\partial\zeta}\mathrm{d}\zeta -$$
$$\int_0^L \frac{\bar{N}_*(\zeta)}{E_{p*}(\zeta)}\bar{\chi}_a(\zeta,z)\mathrm{d}\zeta - \bar{\chi}_b(z)\bar{u}_{zp*}(0) = Q\bar{\varepsilon}_z^{(G)}(0,z),\ 0 \leqslant z < h,\ h < z \leqslant L \tag{3-7}$$

其中
$$\bar{\chi}_a(\zeta,z) = \int_\zeta^L [\rho_{p*}(\eta)\omega^2]\bar{\varepsilon}_z^{(G)}(\eta,z)\mathrm{d}\eta$$

$$\bar{\chi}_b(z) = \int_0^L [\rho_{p*}(\eta)A\omega^2]\bar{\varepsilon}_z^{(G)}(\eta,z)\mathrm{d}\eta \tag{3-8}$$

值得注意的是 $\bar{\varepsilon}_z^{(G)}(z^+,z)$，$\bar{\varepsilon}_z^{(G)}(z^-,z)$ 与 z 坐标有关，而 $\bar{\varepsilon}_z^{(G)}(z^+,z) - \bar{\varepsilon}_z^{(G)}(z^-,z)$ 与 z 坐标无关：

$$\bar{\varepsilon}_z^{(G)}(z^+,z) - \bar{\varepsilon}_z^{(G)}(z^-,z) = \frac{1}{(\lambda+2\mu)A} \tag{3-9}$$

式(3-9)中，当 $0 \leqslant z < h$ 时，$\lambda = \lambda^{(1)}$，$\mu = \mu^{(1)}$；而当 $h < z \leqslant L$ 时，$\lambda = \lambda^{(2)}$，$\mu = \mu^{(2)}$。

利用相同的方法，可得到 Π_z 处扩展层状饱和土体的竖向位移：

$$\bar{u}_z(z) = Q\bar{u}_z^{(G)}(0,z) - \int_0^L \bar{N}_*(\zeta)\frac{\partial \bar{u}_z^{(G)}(\zeta,z)}{\partial \zeta}\mathrm{d}\zeta +$$

$$\int_0^L [\rho_{p*}(\zeta)A\omega^2]\bar{u}_{zp*}(\zeta)\bar{u}_z^{(G)}(\zeta,z)\mathrm{d}\zeta, 0 \leqslant z < h, h < z \leqslant L \tag{3-10}$$

式中　　$\bar{u}_z^{(G)}(\zeta,z)$——在圆形区域 Π_ζ 的竖向均布荷载作用引起的 Π_z 处扩展层状饱和土体的竖向位移，可由文献［48］中关于层状土体内部受竖向简谐荷载作用的传递、透射矩阵（TRM）法可知。

式(3-7)中，桩顶的竖向位移 $\bar{u}_{zp*}(0)$ 是未知的。可根据桩顶处的位移与扩展饱和土体表面处的位移相等作为补充方程求得，即：

$$\bar{u}_{zp*}(0) = \bar{u}_z(0) \tag{3-11}$$

则
$$\bar{u}_{zp*}(0) = \frac{1}{\delta_v}\left[Q\bar{u}_z^{(G)}(0,0) - \int_0^L \bar{N}_*(\zeta)\frac{\partial \bar{u}_z^{(G)}(\zeta,0)}{\partial \zeta}\mathrm{d}\zeta + \right.$$

$$\left. \int_0^L \frac{\bar{N}_*(\zeta)}{E_{p*}(\zeta)}\bar{\chi}_c(\zeta,0)\mathrm{d}\zeta \right] \tag{3-12}$$

其中，$\bar{\chi}_c(\zeta,0) = \int_\zeta^L [\rho_{p*}(\eta)\omega^2]\bar{u}_z^{(G)}(\eta,z)\mathrm{d}\eta$；$\delta_v = 1 - \bar{\chi}_d(0)$；$\bar{\chi}_d(z) = \int_0^L [\rho_{p*}(\eta)A\omega^2]\bar{u}_z^{(G)}(\eta,z)\mathrm{d}\eta$

真实桩 Π_z 位置处的轴力包括两个部分叠加：虚拟桩的轴力及 Π_z 处扩展层状饱和土体 Π_z 处的竖向力：

$$\bar{N}(z) = Q\bar{f}^{(G)}(0,z) - \int_0^L \bar{N}_*(\zeta) \frac{\partial \bar{f}^{(G)}(\zeta,z)}{\partial \zeta} d\zeta +$$

$$\int_0^L \frac{\bar{N}_*(\zeta)}{E_{p*}(\zeta)} \left\{ \int_\zeta^L [\rho_{p*}(\eta)\omega^2] \bar{f}^{(G)}(\eta,z) \, d\eta \right\} d\zeta +$$

$$\bar{u}_{zp*}(0) \int_0^L [\rho_{p*}(\zeta)A\omega^2] \bar{f}^{(G)}(\zeta,z) d\zeta \tag{3-13}$$

$$\bar{f}^{(G)}(\zeta,z) = \bar{\sigma}_z^{(G)}(\zeta,z) A \tag{3-14}$$

式中 $\bar{\sigma}_z^{(G)}(\zeta,z)$ ——在圆形区域 Π_ζ 的竖向均布荷载作用引起的 Π_z 处扩展层状饱和土体的竖向应力，由文献［48］中关于层状土体内部受竖向简谐荷载作用的传递、透射矩阵（TRM）法可知。

沿桩侧的孔压为：

$$\bar{p}_f(z) = Q\bar{p}_f^{(G)}(0,z) - \int_0^L \bar{N}_*(\zeta) \frac{\partial \bar{p}_f^{(G)}(\zeta,z)}{\partial \zeta} d\zeta +$$

$$\int_0^L \frac{\bar{N}_*(\zeta)}{E_{p*}(\zeta)} \left\{ \int_\zeta^L [\rho_{p*}(\eta)\omega^2] \bar{p}_f^{(G)}(\eta,z) \, d\eta \right\} d\zeta +$$

$$\bar{u}_{zp*}(0) \int_0^L [\rho_{p*}(\zeta)A\omega^2] \bar{p}_f^{(G)}(\zeta,z) d\zeta \tag{3-15}$$

式中 $\bar{p}_f^{(G)}(\zeta,z)$ ——在圆形区域 Π_ζ 的竖向均布荷载作用引起的 Π_z 周边处的扩展层状饱和土体的孔压，由文献［48］中关于层状土体内部受竖向简谐荷载作用的传递、透射矩阵（TRM）法可知。

3.1.2 数值计算方法

考虑桩-土体系竖向应变相等条件的积分方程可由数值方法求解，积分方程(3-7)及补充方程(3-12)的具体求解过程可见文献［68］。为保证积分方程解的稳定性和收敛性，根据文献［68］，积分方程(3-7)及补充方程(3-12)在积分区间划分为 30 个节点，能够达到计算要求。求解积分方程(3-7)及补充方程(3-12)后，由式(3-16)、式(3-17)、式(3-18)即可得到桩的位移、轴力及桩侧孔压。

3.1.3 数值验证与算例分析

3.1.3.1 数值验证

考察圆柱形截面的桩, 直径 d, 桩长 L, 杨氏模量 E_p, 密度 ρ_p, 位于层状饱和土体中, 桩顶作用有轴向的简谐荷载 $Qe^{i\omega t}$。层状土体模型为: 二层土体位于半空间饱和土体上, 若每层土体的参数相同, 则层状土体的解可与均质的土体的解相同, 层状土体的参数为: $h^{(1)} = h^{(2)} = 3.0\mathrm{m}$, $\mu^{(j)} = 2.0 \times 10^7 \mathrm{N/m^2}$, $\lambda^{(j)} = 4.0 \times 10^7 \mathrm{N/m^2}$, $M^{(j)} = 2.44 \times 10^8 \mathrm{N/m^2}$, $\phi^{(j)} = 0.4$, $\rho_s^{(j)} = 2.0 \times 10^3 \mathrm{kg/m^3}$, $\alpha^{(j)} = 0.97$, $b_p^{(j)} = 1.94 \times 10^8 \mathrm{kg/(m^3 \cdot s)}$, $\rho_f^{(j)} = 1.0 \times 10^3 \mathrm{kg/m^3}$, $m^{(j)} = 1890 \mathrm{kg/m^3}$, $j = 1, 2, 3$。桩的参数为: $d = 1.0\mathrm{m}$, $L = 10.0\mathrm{m}$, $E_p = 5.3 \times 10^8 \mathrm{N/m^2}$, $\rho_p = 2.4 \times 10^3 \mathrm{kg/m^3}$, 且参考长度 $a_R = 0.5\mathrm{m}$。文献 [68] 给出了均质饱和土体中轴向简谐荷载作用下的桩的动力响应, 利用本书中方法计算由层状土体退化为均质土体的解与文献 [68] 结果的比较如图 3-3 所示。荷载频率 ω 无量纲化为 $\omega^* = $

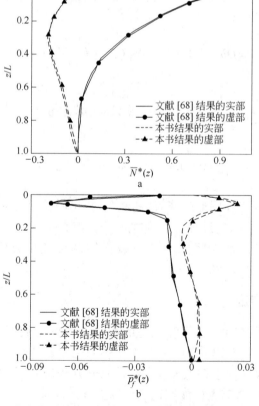

图 3-3 退化为均质饱和土体单桩动力响应与文献 [68] 结果比较

a—桩身轴力 $\overline{N}^*(z)$; b—桩侧孔压 $\overline{p}_f^*(z)$

$\omega a_R \sqrt{\rho^{(1)}/\mu^{(1)}} = 0.5$。图3-3a、图3-3b分别表示无量纲的轴力 $\overline{N}^*(z) = \overline{N}(z)/Q$、桩侧孔压 $\overline{p}_f^*(z) = \pi a_R^2 \overline{p}_f(z)/Q$ 与文献［68］结果比较。通过比较可知，本书结果与文献［68］结果相吻合。

3.1.3.2 算例分析

A 两层层状饱和土体中轴向荷载桩的动力响应

圆柱形截面单桩位于两层层状饱和土体中，桩顶作用有轴向的简谐荷载 $Qe^{i\omega t}$。层状土体的第二层土体为半空间饱和土体。其参数为：$h^{(1)} = 10.0\text{m}$，$\mu^{(1)} = 1.0 \times 10^7 \text{N/m}^2, \lambda^{(1)} = 1.0 \times 10^7 \text{N/m}^2, M^{(1)} = M^{(2)} = 2.44 \times 10^8 \text{N/m}^2, \rho_s^{(1)} = \rho_s^{(2)} = 2.0 \times 10^3 \text{kg/m}^3$，$\alpha^{(1)} = \alpha^{(2)} = 0.97$，$\phi^{(1)} = \phi^{(2)} = 0.4$，$\rho_f^{(1)} = \rho_f^{(2)} = 1.0 \times 10^3 \text{kg/m}^3$，$b_p^{(1)} = b_p^{(2)} = 1.94 \times 10^8 \text{kg/(m}^3 \cdot \text{s)}$，$m^{(1)} = m^{(2)} = 1890 \text{kg/m}^3$。桩的参数为：$d = 1.0\text{m}$，$L/d = 20$，$E_p/E_s^{(1)} = 1000$。荷载频率 ω、轴力 $N(z)$ 及孔压 $p_f(z)$ 无量纲化为 $\omega^* = \omega a_R \sqrt{\rho^{(1)}/\mu^{(1)}}$，$\overline{N}^*(z) = \overline{N}(z)/Q$，$\overline{p}_f^*(z) = \pi a_R^2 \overline{p}_f(z)/Q$。定义层状土体中桩的竖向阻抗 $k_v = Q/[\mu^{(1)} a_R \overline{u}_{p^*}(0)]$，参考长度 $a_R = 0.5\text{m}$。

a $\mu^{(1)}/\mu^{(2)}$ 对桩的竖向阻抗 k_v、轴力 $N(z)$ 及桩侧孔压 $p_f(z)$ 的影响分析

轴向荷载桩位于两层层状土体中，桩顶竖向阻抗 k_v 与荷载的无量纲频率 $\omega^* = 0.0 \sim 0.5$ 关系如图3-4所示，图3-4中考虑了三种情况的两层层状土体：(1) $\mu^{(1)} : \mu^{(2)} = 1 : 1$；(2) $\mu^{(1)} : \mu^{(2)} = 1 : 10$；(3) $\mu^{(1)} : \mu^{(2)} = 1 : 20$，其中 $\mu^{(1)} = 1.0 \times 10^7 \text{N/m}^2$。每层的 $\lambda^{(j)} = \mu^{(j)} (j = 1, 2)$。

从图3-4中可知，当无量纲荷载频率增加到 $\omega^* > 0.2$ 后，竖向阻抗 k_v 的实部变化较小，而虚部一直与荷载的频率有关。另外，土层下部刚性较大的情况下 $(\mu^{(1)} : \mu^{(2)} = 1 : 10)$，竖向阻抗 k_v 的实部更大，虚部更小。

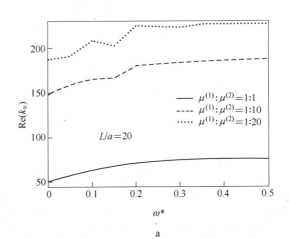

a

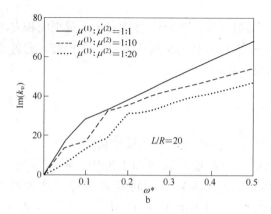

图3-4 轴向荷载桩位于两层层状土体中的竖向阻抗 k_v 与荷载频率 ω^* 的关系

a—竖向阻抗 k_v 的实部；b—竖向阻抗 k_v 的虚部

荷载频率 $\omega^* = 0.5$ 时，桩身无量纲的轴力 $\overline{N}^*(z)$ 沿桩长的变化情况如图3-5所示，同样考虑了三种情况的两层层状土体。

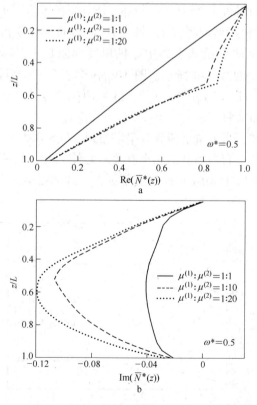

图3-5 层状土体中的桩身轴力 $\overline{N}^*(z)$ 沿桩长的变化情况

a—桩身轴力 $\overline{N}^*(z)$ 实部；b—桩身轴力 $\overline{N}^*(z)$ 虚部

从图 3-5b 中可知：层状土体的刚性变化对桩的轴力有较明显的影响。随着底层土体刚性增加，桩身轴力增大，但当 $\mu^{(1)}/\mu^{(2)} > 10$ 后，土层的刚度变化对桩的轴力影响不明显。

荷载频率 $\omega^* = 0.5$ 时，桩侧无量纲孔压 $\bar{p}_f^*(z) = \pi a_R^2 \bar{p}_f(z)/Q$ 沿桩长的变化情况如图 3-6 所示，同样考虑了三种情况的两层层状土体。

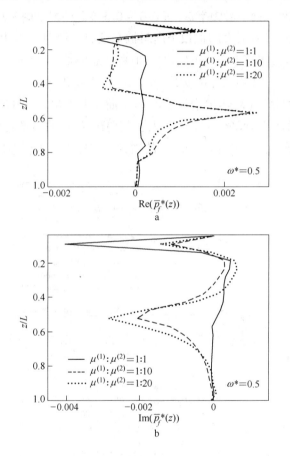

图 3-6 层状土体中的桩侧孔压 $\bar{p}_f^*(z)$ 沿桩长的变化情况

a—桩侧孔压 $\bar{p}_f^*(z)$ 实部；b—桩侧孔压 $\bar{p}_f^*(z)$ 虚部

从图 3-6 中可知，均质土体中，桩侧孔压集中在桩的上端部位，对于层状土体，在层间出现孔压的峰值。并且该孔压峰值随底层土体刚性增加而增大。

b 桩土的杨氏模量比对桩顶竖向阻抗 k_v、轴力 $N(z)$ 及桩侧孔压 $p_f(z)$ 的影响分析

计算中，考察桩土的杨氏模量比 $E_p/E_s^{(1)}$ 为三种情况，即：100 : 1、500 : 1 及 1000 : 1，且 $E_s^{(1)} = \mu^{(1)}(3\lambda^{(1)} + 2\mu^{(1)})/(\lambda^{(1)} + \mu^{(1)})$ 及 $\mu^{(1)} = 1.0 \times 10^7 \text{N/m}^2$，

$\lambda^{(1)} = 1.0 \times 10^7 \mathrm{N/m^2}$，$\lambda^{(j)} = \mu^{(j)}$（$j = 1,2$）。分析层状土地基的刚度变化下（$\mu^{(1)} : \mu^{(2)} = 1 : 1$，$\mu^{(1)} : \mu^{(2)} = 1 : 10$），每种情况的桩土杨氏模量比 $E_p/E_s^{(1)}$ 对桩动力响应的影响。饱和层状土体、轴向简谐荷载的其余参数同上。

在层状土地基的刚度变化下（$\mu^{(1)} : \mu^{(2)} = 1 : 1$，$\mu^{(1)} : \mu^{(2)} = 1 : 10$），三种情况桩土的杨氏模量比为 $E_p : E_s^{(1)} = 100 : 1$、$E_p : E_s^{(1)} = 500 : 1$、$E_p : E_s^{(1)} = 1000 : 1$ 时，桩顶的阻抗 k_v 随桩轴向荷载频率 $\omega^* = 0.0 \sim 0.5$ 变化情况如图 3-7 所示。从图 3-7a 中可知，刚性桩一般有较大的桩顶竖向阻抗 k_v 实部。同时，层状土体底部的刚度增加，也会引起竖向阻抗 k_v 实部的增大。值得注意的是，土体的刚度对刚性桩的影响比柔性桩更明显。如当土体的 $\mu^{(1)} : \mu^{(2)}$ 从 $1 : 1$ 变化到 $1 : 10$，对于 $E_p : E_s^{(1)} = 100 : 1$ 情况，竖向阻抗 k_v 实部增加了 10%，而在 $E_p : E_s^{(1)} = 1000 : 1$ 情况下，竖向阻抗 k_v 实部增加了 145%。图 3-7b 表明竖向阻抗 k_v 的虚部随桩土杨氏模量比 $E_p/E_s^{(1)}$ 增加而增大，但随着 $\mu^{(1)}/\mu^{(2)}$ 的增大，底层土体刚度增加而减小。

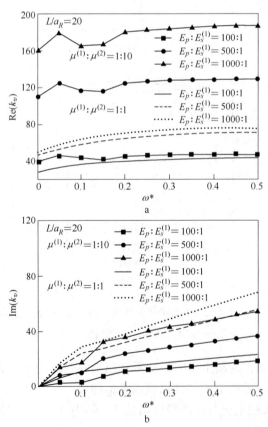

图 3-7　不同的桩土的杨氏模量比 $E_p/E_s^{(1)}$ 时，桩顶的

阻抗 k_v 随桩轴向荷载频率 ω^* 变化情况

a—阻抗 k_v 的实部；b—阻抗 k_v 的虚部

当荷载频率 $\omega^* = 0.5$ 时，三种情况桩土的杨氏模量比 $E_p : E_s^{(1)} = 100 : 1$、$E_p : E_s^{(1)} = 500 : 1$、$E_p : E_s^{(1)} = 1000 : 1$ 时，桩身无量纲轴力、桩侧孔压 $\bar{p}_f^*(z)$ 沿桩长的变化情况分别如图 3-8 和图 3-9 所示，同样，两层层状土体有三种情况。从图 3-8 中可知，刚性桩下端的轴力比柔性桩的下端轴力大，因此柔性桩更能将桩顶荷载转移到地基土体中。从图 3-9 中可知，在层状土体的层间界面位置有孔压峰值出现，并且该峰值的大小随桩的刚度增加而减小。

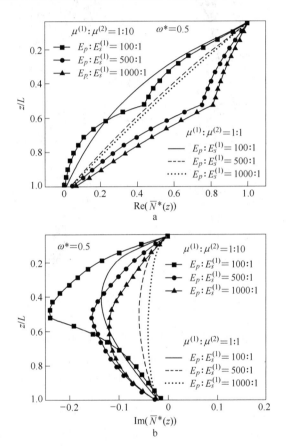

图 3-8　不同桩土的杨氏模量比 $E_p / E_s^{(1)}$ 时，

桩身轴力 $\bar{N}^*(z)$ 沿桩长的变化情况

a—桩身轴力 $\bar{N}^*(z)$ 的实部；b—桩身轴力 $\bar{N}^*(z)$ 的虚部

c　桩长对桩的竖向阻抗 k_v、轴力 $N(z)$ 及桩侧孔压 $p_f(z)$ 的影响分析

计算中，桩长分别取 $L = 15.0\text{m}$、$L = 20.0\text{m}$、$L = 40.0\text{m}$，层状土体的模型为两层层状土体，考虑 $\mu^{(1)} : \mu^{(2)} = 1 : 1$、$\mu^{(1)} : \mu^{(2)} = 1 : 10$ 两种情况。其中 $\mu^{(1)} = 1.0 \times 10^7 \text{N/m}^2$，$\lambda^{(j)} = \mu^{(j)} (j = 1,2)$。

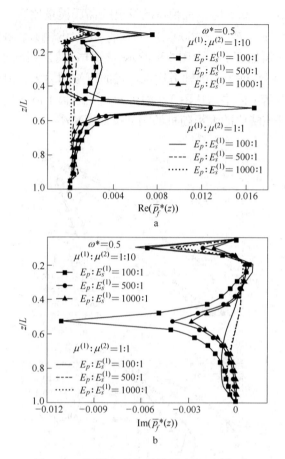

图 3-9 不同桩土的杨氏模量比 $E_p/E_s^{(1)}$ 时，

桩侧孔压 $\bar{p}_f^*(z)$ 沿桩长的变化情况

a—桩侧孔压 $\bar{p}_f^*(z)$ 的实部；b—桩侧孔压 $\bar{p}_f^*(z)$ 的虚部

层状土地基在刚度变化 $\mu^{(1)}:\mu^{(2)}=1:1$、$\mu^{(1)}:\mu^{(2)}=1:10$ 下，三种情况桩长 $L=15m$、$L=20m$、$L=40m$ 的桩顶阻抗 k_v 随桩轴向荷载频率 $\omega^*=0.0\sim0.5$ 变化情况如图 3-10 所示。从图 3-10 中可知，桩的长度越大，竖向阻抗 k_v 实部越大，而且对于两层层状土体中的桩，层状土体的底部刚度增大也会引起竖向阻抗 k_v 实部增加。

B 三层层状饱和土体中轴向荷载桩的动力响应

考察圆柱形截面的单桩位于三层层状饱和土体中，桩顶作用有轴向的简谐荷载 $Qe^{i\omega t}$。层状土体模型为两层饱和土体位于底层半空间饱和土体上。其参数为：$h^{(1)}=5.0m$，$h^{(2)}=10.0m$，$M^{(j)}=2.44\times10^8N/m^2$，$\rho_s^{(j)}=2.0\times10^3kg/m^3$，$\alpha^{(j)}=0.97$，$\phi^{(j)}=0.4$，$\rho_f^{(j)}=1.0\times10^3kg/m^3$，$b_p^{(j)}=1.94\times10^8kg/(m^3\cdot s)$，

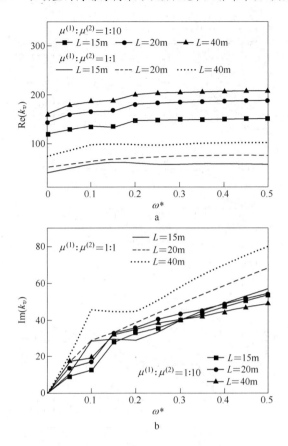

图 3-10 不同桩长 L 时的桩顶阻抗 k_v 随荷载频率 ω^* 的变化情况

a—阻抗 k_v 的实部；b—阻抗 k_v 的虚部

$a_\infty^{(j)} = 2.0$，$\lambda^{(j)} = \mu^{(j)}$，$j = 1,2,3$。计算中，层状土体分为三种情况：(1)$\mu^{(1)}$：$\mu^{(2)}$：$\mu^{(3)} = 1:1:1$；(2)$\mu^{(1)}$：$\mu^{(2)}$：$\mu^{(3)} = 1:10:1$；(3)$\mu^{(1)}$：$\mu^{(2)}$：$\mu^{(3)} = 1:0.1:1$，其中 $\mu^{(1)} = 1.0 \times 10^7 \mathrm{N/m^2}$。桩的参数为：$d = 1.0\mathrm{m}$，$L = 30.0\mathrm{m}$，$E_p = 1000 E_s^{(1)}$。荷载频率 ω、轴力 $N(z)$ 及孔压 $p_f(z)$ 无量纲化为 $\omega^* = \sqrt{\rho^{(1)}/\mu^{(1)}} \omega a_R$、$\overline{N}^*(z) = \overline{N}(z)/Q$、$\overline{p}_f^*(z) = \pi a_R^2 \overline{p}_f(z)/Q$，桩的竖向阻抗 $k_v = Q/[\mu^{(1)} a_R \overline{u}_{p*}(0)]$，参考长度 $a_R = 0.5\mathrm{m}$。

在上述三种情况层状土地基模型下，桩顶竖向阻抗 k_v 随荷载频率 $\omega^* = 0.0 \sim 0.5$ 变化情况如图 3-11 所示。当荷载频率 $\omega^* = 0.5$ 时，三种层状土体情况下无量纲桩身轴力、桩侧孔压沿桩长的变化情况分别如图 3-12 和图 3-13 所示。

从图 3-11 a 中可知：硬夹层（情况（2））将提高桩顶的阻抗 k_v 实部，而软夹层则会使桩顶的阻抗 k_v 实部降低。图 3-11b 表明软夹层则会使桩顶的阻抗 k_v 虚部比其他两种情况大。

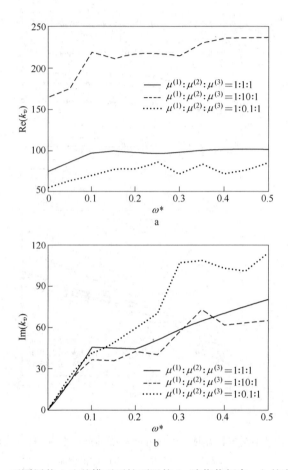

图 3-11 不同层状土地基模型下桩顶阻抗 k_v 随荷载频率 ω^* 的变化情况

a—竖向阻抗 k_v 的实部；b—竖向阻抗 k_v 的虚部

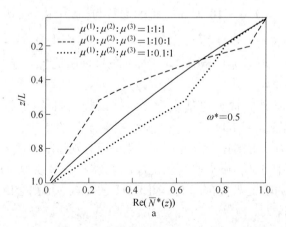

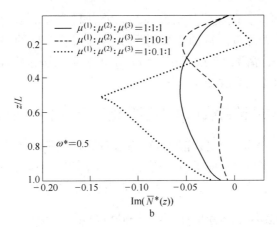

图 3-12　不同层状土地基模型下桩身轴力 $\overline{N}^*(z)$ 沿桩长的变化情况

a—桩身轴力 $\overline{N}^*(z)$ 的实部；b—桩身轴力 $\overline{N}^*(z)$ 的虚部

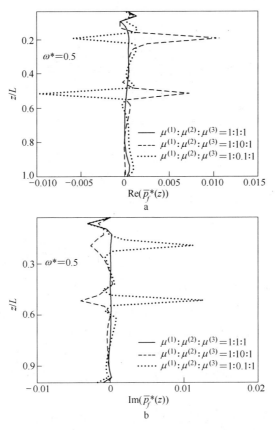

图 3-13　不同层状土地基模型下桩侧孔压 $\overline{p}_f^*(z)$ 沿桩长的变化情况

a—桩侧孔压 $\overline{p}_f^*(z)$ 的实部；b—桩侧孔压 $\overline{p}_f^*(z)$ 的虚部

从图 3-12 中可知，硬夹层（情况（2））将使桩下端的轴力增大，而软夹层则会使桩下端的轴力降低。从图 3-13 中可知，在层状土体的层间界面位置有孔压峰值出现，另外，情况（2）、情况（3）出现了负孔压，并且该负孔压的位置随中间夹层位置的变化而改变。

3.2　桩顶水平向简谐荷载作用下层状饱和土体中单桩的动力响应

本节利用 Muki 虚拟桩和传递透射矩阵法对层状饱和土体中单桩桩顶受水平向简谐荷载作用下的动力响应进行了研究。分析了饱和土体的不均匀性等对桩顶的柔度系数矩阵成分影响，考察了夹层对桩周孔压、桩身剪力、弯矩变化情况。

3.2.1　单桩-层状饱和土体系的第二类 Fredholm 积分方程

水平简谐荷载作用下单桩-层状饱和土体系计算模型如图 3-14 所示，桩的直径 d，桩长 $L(d/L \ll 1)$ 埋入层状饱和土体中，桩顶作用有水平向简谐荷载 $Q_0 e^{i\omega t}$、弯矩 $M_0 e^{i\omega t}$。

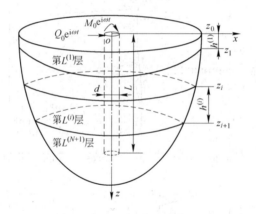

图 3-14　层状饱和土体中桩顶受简谐水平荷载作用示意图

利用 Muki 和 Sternberg[56,57] 及 Pak 和 Jennings[109] 方法，该问题的解可由两部分组成：扩展的半空间层状饱和土体和虚拟桩，如图 3-15 所示。扩展的半空间层状饱和土体满足 Biot 理论方程[26,28]，而虚拟桩可作为一维弹性杆的振动。据 Halpern 和 Christiano[110] 报道，在低频水平向荷载作用下，考虑饱和土体中板的透水和不透水性对板的竖向变形几乎没有多大的影响。因此不严格考虑桩土接触界面的透水性对于计算来说是合理的。

为简化分析，只以两层层状饱和土体中单桩响应进行分析建立第二类 Fredholm 积分方程，对于其他任意多层的层状饱和土体可采用相同的方法得到。两层层状饱和土体模型为上层层状土，下层为半无限空间体。上层土体的 Lame 常

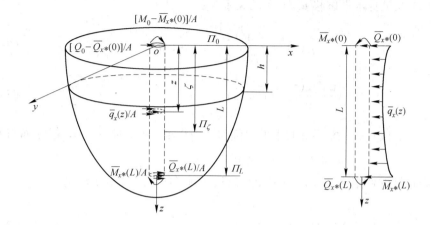

图 3-15 简谐水平荷载作用下层状饱和土中单桩体系
分解为扩展层状饱和土体、虚拟桩

量、密度、厚度分别为 $\lambda^{(1)}$、$\mu^{(1)}$、$\rho^{(1)}$、h；下层为半无限空间体的 Lame 常量、密度分别为 $\lambda^{(2)}$、$\mu^{(2)}$、$\rho^{(2)}$。虚拟桩相应地分为两个部分。其杨氏模量、密度为[56,57]：

$$E_{p*}^{(1)} = E_p - E_s^{(1)}, \ \rho_{p*}^{(1)} = \rho_p - \rho^{(1)} \qquad (3\text{-}16a)$$

$$E_{p*}^{(2)} = E_p - E_s^{(2)}, \ \rho_{p*}^{(2)} = \rho_p - \rho^{(2)} \qquad (3\text{-}16b)$$

式中　E_p，$E_s^{(i)}$——分别为桩、层状土体的杨氏模量（$i=1$，2），且：

$$E_s^{(i)} = \mu^{(i)}(3\lambda^{(i)} + 2\mu^{(i)})/(\lambda^{(i)} + \mu^{(i)}), \ i = 1,2$$

ρ_p，$\rho^{(i)}$——分别为桩、层状土体的密度（$i=1$，2）。

虚拟桩的剪力为 $\overline{Q}_{x*}(z)$、弯矩为 $\overline{M}_{x*}(z)$，如图 3-15 所示。沿桩身受到水平方向的分布力 $\overline{q}_x(z)$，桩顶端所受荷载为：剪力 $\overline{Q}_{x*}(0)$，弯矩 $\overline{M}_{x*}(0)$；桩底端所受荷载：剪力 $\overline{Q}_{x*}(L)$，弯矩 $\overline{M}_{x*}(L)$。扩展半空间层状饱和土体所受荷载如图 3-15 所示，在圆形区域 Π_z 上的均布水平荷载为 $\overline{q}_x(z)/A$；桩顶、底部所对应的圆形区域 Π_0、Π_L 上的均布水平荷载、弯矩分别为 $[Q_0 - \overline{Q}_{x*}(0)]/A$，$[M_0 - \overline{M}_{x*}(0)]/A$；$\overline{Q}_{x*}(L)/A$，$\overline{M}_{x*}(L)/A$。

根据 Pak 和 Jennings[109] 的假设，对于细长的桩，在桩顶、底端的弯矩有如下关系：

$$M_0 - \overline{M}_{x*}(0) = 0, \ \overline{M}_{x*}(L) = 0 \qquad (3\text{-}17)$$

根据杆的振动理论，虚拟桩的剪力 $\overline{Q}_{x*}(z)$、弯矩 $\overline{M}_{x*}(z)$、桩侧水平分布荷载

为 $\bar{q}_x(z)$ 及桩身水平位移 $\bar{u}_{x*}^{(p)}(z)$ 的关系为：

$$\bar{q}_x(z) = -\frac{\mathrm{d}\bar{Q}_{x*}(z)}{\mathrm{d}z} + \rho_{p*}A\bar{u}_{x*}^{(p)}(z)\omega^2 \tag{3-18}$$

$$\frac{\mathrm{d}\bar{M}_{x*}(z)}{\mathrm{d}z} = \bar{Q}_{x*}(z) \tag{3-19}$$

式中　$\bar{u}_{x*}^{(p)}(z)$ ——虚拟桩的水平向位移，当 $0 \le z < h$ 时，$\rho_{p*} = \rho_p^{(1)}$；而当 $h < z \le L$ 时，$\rho_{p*} = \rho_{p*}^{(2)}$。

虚拟桩的弯矩 $\bar{M}_{x*}(z)$、转角 $\bar{\theta}_{x*}^{(p)}(z)$、水平向位移 $\bar{u}_{x*}^{(p)}(z)$ 满足：

$$\bar{M}_{x*}(z) = \int_0^z \bar{Q}_{x*}(\zeta)\mathrm{d}\zeta + \bar{M}_{x*}(0) \tag{3-20}$$

$$\bar{\theta}_{x*}^{(p)}(z) = \frac{1}{E_{p*}I_x}\int_0^z (z-\zeta)\bar{Q}_{x*}(\zeta)\mathrm{d}\zeta + \frac{\bar{M}_{x*}(0)z}{E_{p*}I_x} + \bar{\theta}_{x*}^{(p)}(0) \tag{3-21}$$

$$\bar{u}_{x*}^{(p)}(z) = \frac{1}{2E_{p*}I_x}\int_0^z (z-\zeta)^2\bar{Q}_{x*}(\zeta)\mathrm{d}\zeta + \frac{\bar{M}_{x*}(0)z^2}{2E_{p*}I_x} +$$
$$\bar{\theta}_{x*}^{(p)}(0)z + \bar{u}_{x*}^{(p)}(0) \tag{3-22}$$

式中　I_x ——桩横截面的转动惯性矩，当 $0 \le z < h$ 时，$E_{p*} = E_p^{(1)}$；而当 $h < z \le L$ 时，$E_{p*} = E_{p*}^{(2)}$。

由式(3-17)、式(3-18)，虚拟桩桩顶的弯矩和桩的剪力关系为：

$$\int_0^L \bar{Q}_{x*}(\zeta)\mathrm{d}\zeta = -\bar{M}_{x*}(0) = -M_0 \tag{3-23}$$

对于桩-层状土体的接触面协调条件为：沿桩轴向（即 z 轴的方向）任意位置处虚拟桩的转角（$\bar{\theta}_{x*}^{(p)}(z)$）和扩展层状半空间饱和土同一位置处的转角（$\bar{\theta}_x^{(s)}(z)$）相等：

$$\bar{\theta}_x^{(s)}(z) = \bar{\theta}_{x*}^{(p)}(z), 0 \le z < h, h < z \le L \tag{3-24}$$

式中　$\bar{\theta}_{x*}^{(p)}(z)$ ——虚拟桩的转角。

对于两层的层状饱和土，考虑到虚拟桩的剪力、弯矩在两层的层间处不连续，因此，式(3-21)、式(3-24)中的积分应该在层间处断开。

$$\bar{\theta}_x^s(z) = Q_0\bar{\phi}_x^{(G)}(0,z) + \bar{Q}_{x*}(z)[\bar{\phi}_x^{(G)}(z^+,z) - \bar{\phi}_x^{(G)}(z^-,z)] +$$

$$\left[\int_0^{h-\varepsilon} \overline{Q}_{x*}(\zeta) \frac{\partial \overline{\phi}_x^{(G)}(\zeta,z)}{\partial \zeta} \mathrm{d}\zeta + \int_{h+\varepsilon}^L \overline{Q}_{x*}(\zeta) \frac{\partial \overline{\phi}_x^{(G)}(\zeta,z)}{\partial \zeta} \mathrm{d}\zeta \right] +$$

$$\rho_{p*}A\omega^2 \int_0^L \overline{u}_{x*}^p(\zeta) \overline{\phi}_x^{(G)}(\zeta,z)\mathrm{d}\zeta, \ 0 \leqslant z < h, \ h < z \leqslant L \tag{3-25}$$

式中　　　　　　　　　ε ——一个无穷小量；

$\overline{\phi}_x^{(G)}(z^-,z)$, $\overline{\phi}_x^{(G)}(z^+,z)$ ——作用在圆形区域 $\varPi_\zeta$ 的水平向均布荷载从上、下部无限趋近于 $\varPi_z$ 处的竖向应变。$\overline{\phi}_x^{(G)}(\zeta,z)$ 表示水平向均布的圆形荷载作用在区域 $\varPi_\zeta$ 引起的圆形区域 $\varPi_z$ 的转角（图 3-15），其表达式可由本章 3.1 节层状饱和土体内部受水平简谐荷载作用下的 TRM 法求解得到。

由式(3-18)～式(3-25)可得到水平荷载作用下，桩-层状饱和土体相互作用的第二类 Fredholm 积分方程：

$$\overline{Q}_{x*}(z)\left[\overline{\phi}_x^{(G)}(z^+,z) - \overline{\phi}_x^{(G)}(z^-,z)\right] + \left[\int_0^{h-\varepsilon} \overline{Q}_{x*}(\zeta) \frac{\partial \overline{\phi}_x^{(G)}(\zeta,z)}{\partial \zeta}\mathrm{d}\zeta + \right.$$

$$\left. \int_{h+\varepsilon}^L \overline{Q}_{x*}(z) \frac{\partial \overline{\phi}_x^{(G)}(\zeta,z)}{\partial \zeta}\mathrm{d}\zeta \right] - \frac{1}{E_{p*}I_x} \int_0^z (z-\zeta)\overline{Q}_{x*}(\zeta)\mathrm{d}\zeta +$$

$$\rho_{p*}A\omega^2 \int_0^L \overline{\chi}_1(\zeta) \overline{\phi}_x^{(G)}(\zeta,z)\mathrm{d}\zeta + \overline{\theta}_{x*}^{(p)}(0)\overline{\chi}_2(z) + \overline{u}_{x*}^{(p)}(0)\overline{\chi}_3(z)$$

$$= \frac{\overline{M}_{x*}(0)z}{E_{p*}I_x} - Q_0\overline{\phi}_x^{(G)}(0,z) - \frac{\rho_{p*}A\omega^2\overline{M}_{x*}(0)}{2E_{p*}I_x} \int_0^L \zeta^2 \overline{\phi}_x^{(G)}(\zeta,z)\mathrm{d}\zeta$$

$$0 \leqslant z < h, \ h < z \leqslant L \tag{3-26}$$

其中　　　　　$\overline{\chi}_1(\zeta) = \frac{1}{2E_{p*}I_x} \int_0^\xi \overline{Q}_{x*}(\eta)(\zeta-\eta)^2 \mathrm{d}\eta$

$$\overline{\chi}_2(z) = \rho_{p*}A\omega^2 \int_0^\zeta \zeta\overline{\phi}_x^{(G)}(\zeta,z)\mathrm{d}\zeta - 1$$

$$\overline{\chi}_3(z) = \rho_{p*}A\omega^2 \int_0^\zeta \overline{\phi}_x^{(G)}(\zeta,z)\mathrm{d}\zeta \tag{3-27}$$

利用相同的方法，可得到 $\varPi_z$ 处扩展层状饱和土体的水平向位移：

$$\bar{u}_x^{(s)}(z) = Q_0\overline{U}_x^{(G)}(0,z) + \Big[\int_0^{h-\varepsilon} \overline{Q}_{x*}(\zeta) \frac{\partial \overline{U}_x^{(G)}(\zeta,z)}{\partial\zeta}\mathrm{d}\zeta +$$

$$\int_{h+\varepsilon}^{L} \overline{Q}_{x*}(z) \frac{\partial \overline{U}_x^{(G)}(\zeta,z)}{\partial\zeta}\mathrm{d}\zeta \Big] + \rho_{p*}A\omega^2 \int_0^{L} \bar{u}_{x*}^{(p)}(\zeta)\, \overline{U}_x^{(G)}(\zeta,z)\mathrm{d}\zeta \quad (3\text{-}28)$$

式中　$\overline{U}_x^{(G)}(\zeta,z)$ ——在圆形区域 $\varPi_\zeta$ 的竖向均布荷载作用引起的 $\varPi_z$ 处扩展层状饱和土体的水平向位移，其表达式可由本章 3.1 节层状饱和土体内部受水平简谐荷载作用下的 TRM 法求解得到。

式(3-26)中，桩顶的水平向位移 $\bar{u}_{x*}^{(p)}(0)$ 是未知的。可根据桩顶处的位移与扩展饱和土体表面处的位移相等作为补充方程求得，即：

$$\bar{u}_x^{(s)}(0) = \bar{u}_{x*}^{(p)}(0) \tag{3-29}$$

由式(3-28)、式(3-29)可求得 $\bar{u}_{x*}^{(p)}(0)$ 的补充方程：

$$\bar{u}_{x*}^{(p)}(0) = \frac{1}{\alpha}\Big\{ Q_0\overline{U}_x^{(G)}(0,0) + \Big[\int_0^{h-\varepsilon} \overline{Q}_{x*}(\zeta) \frac{\partial \overline{U}_x^{(G)}(\zeta,0)}{\partial\zeta}\mathrm{d}\zeta +$$

$$\int_{h+\varepsilon}^{L} \overline{Q}_{x*}(z) \frac{\partial \overline{U}_x^{(G)}(\zeta,0)}{\partial\zeta}\mathrm{d}\zeta \Big] + \frac{\rho_{p*}A\omega^2\overline{M}_{x*}(0)}{2E_{p*}I_x}\int_0^{L}\zeta^2\, \bar{\phi}_x^{(G)}(\zeta,0)\mathrm{d}\zeta +$$

$$\rho_{p*}A\omega^2 \int_0^{L}\bar{\chi}_1(\zeta)\, \overline{U}_x^{(G)}(\zeta,0)\mathrm{d}\zeta + \bar{\theta}_{x*}^{(p)}(0)\rho_{p*}A\omega^2\int_0^{L}\zeta\, \overline{U}_x^{(G)}(\zeta,0)\mathrm{d}\zeta \Big\} \quad (3\text{-}30)$$

其中　　　　　　$$\alpha = 1 - \rho_{p*}A\omega^2\int_0^{L}\overline{U}_x^{(G)}(\zeta,0)\mathrm{d}\zeta$$

从式(3-26)中求解了虚拟桩的剪力、桩顶转角、水平位移后，即可得到真实桩的剪力。真实桩 $\varPi_z$ 位置处的剪力包括两个部分叠加，即：虚拟桩的剪力及 $\varPi_z$ 处扩展层状饱和土体 $\varPi_z$ 处的水平向力：

$$\overline{Q}_x(z) = Q_0\bar{f}^{(G)}(0,z) + \rho_{p*}A\omega^2\Big[\int_0^{h-\varepsilon} \bar{\chi}_1(\zeta)\, \bar{f}^{(G)}(\zeta,z)\mathrm{d}\zeta +$$

$$\int_{h+\varepsilon}^{L} \bar{\chi}_1(\zeta)\, \bar{f}^{(G)}(\zeta,z)\mathrm{d}\zeta \Big] + \frac{\rho_{p*}A\omega^2\overline{M}_{x*}(0)}{2E_{p*}I_x}\int_0^{L}\zeta^2\, \bar{f}^{(G)}(\zeta,z)\mathrm{d}\zeta +$$

$$\Big[\int_0^{h-\varepsilon} \overline{Q}_{x*}(\zeta) \frac{\partial \bar{f}^{(G)}(\zeta,z)}{\partial\zeta}\mathrm{d}\zeta + \int_{h+\varepsilon}^{L} \overline{Q}_{x*}(z) \frac{\partial \bar{f}^{(G)}(\zeta,z)}{\partial\zeta}\mathrm{d}\zeta \Big] +$$

$$\bar{\theta}_{x*}^{(p)}(0)\rho_{p*}A\omega^2\int_0^L\zeta\,\bar{f}^{(G)}(\zeta,z)\mathrm{d}\zeta + \bar{u}_{x*}^{(p)}(0)\rho_{p*}A\omega^2\int_0^L\bar{f}^{(G)}(\zeta,z)\mathrm{d}\zeta$$

$$0 \leqslant z < h,\ h < z \leqslant L \tag{3-31}$$

式中 $\bar{f}^{(G)}(\zeta,z)$ —— $\bar{f}^{(G)}(\zeta,z)$ 大小为 $\bar{\sigma}_{zr}^{(G)}(\zeta,z)A$；

$\bar{\sigma}_{zr}^{(G)}(\zeta,z)A$ —— 在圆形区域 Π_ζ 的水平向均布荷载作用引起的 Π_z 处扩展层状饱和土体的水平向应力，其表达式可由本章 3.1 节层状饱和土体内部受水平简谐荷载作用下的 TRM 法求解得到；

A —— 桩的横截面积。

在上述推导中，考虑到 $\bar{f}^{(G)}(z^+,z) - \bar{f}^{(G)}(z^-,z) = -1.0$。

同样，沿桩侧的孔压为：

$$\bar{p}_f(z) = Q_0\bar{p}_f^{(G)}(0,z) + \rho_{p*}A\omega^2\left[\int_0^{h-\varepsilon}\bar{\chi}_1(\zeta)\,\bar{p}_f^{(G)}(\zeta,z)\mathrm{d}\zeta + \right.$$

$$\int_{h+\varepsilon}^L\bar{\chi}_1(\zeta)\,\bar{p}_f^{(G)}(\zeta,z)\mathrm{d}\zeta\left.\right] + \frac{\rho_{p*}A\omega^2\overline{M}_{x*}(0)}{2E_{p*}I_x}\int_0^L\zeta^2\,\bar{p}_f^{(G)}(\zeta,z)\mathrm{d}\zeta +$$

$$\left[\int_0^{h-\varepsilon}\overline{Q}_{x*}(\zeta)\frac{\partial\bar{p}_f^{(G)}(\zeta,z)}{\partial\zeta}\mathrm{d}\zeta + \int_{h+\varepsilon}^L\overline{Q}_{x*}(z)\frac{\partial\bar{p}_f^{(G)}(\zeta,z)}{\partial\zeta}\mathrm{d}\zeta\right] +$$

$$\bar{\theta}_{x*}^{(p)}(0)\rho_{p*}A\omega^2\int_0^L\zeta\,\bar{p}_f^{(G)}(\zeta,z)\mathrm{d}\zeta + \bar{u}_{x*}^{(p)}(0)\rho_{p*}A\omega^2\int_0^L\bar{p}_f^{(G)}(\zeta,z)\mathrm{d}\zeta$$

$$0 \leqslant z < h,\ h < z \leqslant L \tag{3-32}$$

式中 $\bar{p}_f^{(G)}(\zeta,z)$ —— 在圆形区域 Π_ζ 的水平向均布荷载作用引起的 Π_z 周边处的扩展层状饱和土体的孔压，其表达式可由本章 3.1 节层状饱和土体内部受水平简谐荷载作用下的 TRM 法求解得到。

3.2.2 数值验证与算例分析

关于积分方程(3-26)及补充方程(3-30)的计算方法和本章 3.1 节相同。

3.2.2.1 数值验证

考察圆柱形截面的桩，直径 d，桩长 L，杨氏模量 E_p，密度 ρ_p，位于层状饱和土体中，桩顶作用有水平向的简谐荷载 $Q_0\mathrm{e}^{i\omega t}$，弯矩 $M_0\mathrm{e}^{i\omega t}$，如图 3-14 所示。层状土体模型为：两层土体位于半空间饱和土体上，若每层土体的参数相同，则层状土体的解可与均质的土体的解相同，另外，由文献［12］可知，若层状土

体的每层参数 M、a_∞、α、b、ϕ、ρ_f 趋近于 0，则饱和层状土体的解退化为均质的弹性土体解，值得注意的是，此时，采用亨克尔逆变换求解影响函数时，在积分路径上会出现奇异现象，难以得到积分解。对此，有研究者[40]把弹性土体的 Lame 常量 λ、μ 用复数来表示，即考虑实际土体的凝滞性，弹性土体转化为黏弹性土体。采用 $\mu = \mu_0(1 + i\beta_s)$，$\lambda = \lambda_0(1 + i\beta_s)$，其中 β_s 表示土体的黏阻尼。

另外，在文献［109］中定义如下的水平荷载桩的柔度矩阵：

$$\begin{bmatrix} \Delta \\ \theta \end{bmatrix} = \begin{bmatrix} C_{hh} & C_{hm} \\ C_{mh} & C_{mm} \end{bmatrix} \begin{bmatrix} Q_0 \\ M_0 \end{bmatrix} \tag{3-33}$$

其中

$$\Delta = \bar{u}_x(0)$$

$$\theta = \partial \bar{u}_x(0)/\partial z$$

在计算中，退化的层状饱和土体的参数为 $\mu_0^{(j)} = 2.0 \times 10^7 \text{N/m}^2$，$\lambda_0^{(j)} = 2.0 \times 10^7 \text{N/m}^2$，$\rho_s^{(j)} = 2.0 \times 10^3 \text{kg/m}^3 (j = 1, 2, 3)$，$\beta_s = 0.05$，$h^{(1)} = h^{(2)} = 3.0\text{m}$。桩的参数为：$d = 1.0\text{m}$，$L = 25.0\text{m}$，$E_p = 1.0 \times 10^{12} \text{N/m}^2$，$\rho_p = 3.4 \times 10^3 \text{kg/m}^3$，且参考长度 $a_R = 0.5\text{m}$。水平荷载频率无量纲化为 $\omega^* = \sqrt{\rho_s^{(1)}/\mu_0^{(1)}} \omega a_R$。

C_{hh}/C_{hh_0}、C_{mm}/C_{mm_0} 随荷载频率的关系如图 3-16a 和图 3-16b 所示，其中 C_{hh_0}、C_{mm_0} 表示静载时的值。图中已给出了文献［109］的结果。当水平荷载频率 $\omega^* = 0.2$ 时，在单位水平力、弯矩分别作用下，无量纲的弯矩 $\bar{M}_x^*(z) = \bar{M}_x(z)/[4\pi\mu_0^{(1)}a_R^3]$ 沿桩身变化与文献［109］结果比较如图 3-16c、图 3-16d 所示，从图中可知，本书计算结果与文献［109］结果相吻合。

3.2.2.2 算例分析

A 两层层状饱和土体中水平向荷载桩的动力响应

圆柱形截面的单桩位于两层层状饱和土体中，层状土体的模型为上层为软土层，下层为半空间饱和土体土，考察不同上层软土层的厚度 $h = 0.0\text{m}$，$h = 5.0\text{m}$ 及 $h = 10.0\text{m}$ 对水平荷载桩的动力响应影响。层状土体参数为：$\mu^{(1)} = 4.0 \times 10^6 \text{N/m}^2$，$\mu^{(2)} = 10 \times \mu^{(1)}$，$\lambda^{(1)} = 4.0 \times 10^6 \text{N/m}^2$，$\lambda^{(2)} = 10 \times \lambda^{(1)}$，$\phi^{(j)} = 0.4$，$\rho^{(j)} = 2.0 \times 10^3 \text{kg/m}^3$，$a_\infty^{(j)} = 2.0$，$\rho_f^{(j)} = 1.0 \times 10^3 \text{kg/m}^3$，$\alpha^{(j)} = 0.97$，$b_p^{(j)} = 1.94 \times 10^8 \text{kg/(m}^3 \cdot \text{s)}$，$M^{(j)} = 2.44 \times 10^8 \text{N/m}^2 (j = 1, 2)$。桩的参数为：$d = 1.0\text{m}$，$L = 20.0\text{m}$，$\rho_p = 3.0 \times 10^3 \text{kg/m}^3$，$E_p = 1.0 \times 10^{10} \text{N/m}^2$，且参考长度 $a_R = 0.5\text{m}$。分别计算当桩顶只作用单位水平简谐荷载或单位弯矩荷载的响应。

在计算分析中，荷载频率无量纲化为：$\omega^* = \sqrt{\rho^{(2)}/\mu^{(2)}} \omega a_R$；当桩顶只作用单位水平简谐荷载 $Q_0 e^{i\omega t}$ 时，桩的剪力 $Q_x(z)$、弯矩 $M_x(z)$、桩侧孔压 $p_f(z)$ 无量纲化为：$\bar{Q}_x^*(z) = \bar{Q}_x(z)/Q_0$，$\bar{M}_x^*(z) = \bar{M}_x(z)/(Q_0 a_R)$，$\bar{p}_f^*(z) = \pi a_R^2 \bar{p}_f(z)/Q_0$。按照式(3-33)，柔度矩阵中的成分 C_{hh}、C_{hm} 无量纲化为：$C_{hh}^* = \mu^{(2)} a_R \bar{u}_x(0)/Q_0$，

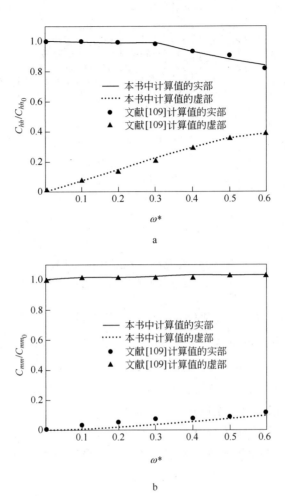

a

b

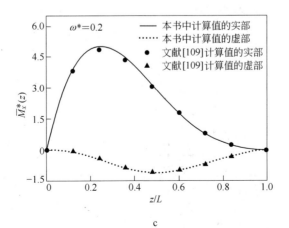

c

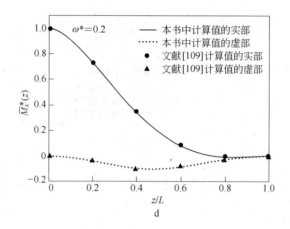

d

图 3-16 退化解与文献[109]解比较

a— C_{hh}/C_{hh_0}；b— C_{mm}/C_{mm_0}；c—单位水平力 $Q_0 e^{i\omega t}$；d—单位弯矩 $M_0 e^{i\omega t}$ 作用

$C_{hm}^* = \mu^{(2)} a_R^2 \bar{\theta}_x(0)/Q_0$；当桩顶只作用单位弯矩荷载 $M_0 e^{i\omega t}$ 时，桩的剪力 $Q_x(z)$、弯矩 $M_x(z)$、桩侧孔压 $p_f(z)$ 无量纲化为：$\bar{Q}_x^*(z) = \bar{Q}_x(z)a_R/M_0$，$\bar{M}_x^*(z) = \bar{M}_x(z)/M_0$，$\bar{p}_f^*(z) = a_R^3 \bar{p}_f(z)/M_0$。按照式(3-33)，柔度矩阵中的成分 C_{hm}、C_{mm} 无量纲化为：$C_{hm}^* = \mu^{(2)} a_R^2 \bar{u}_x(0)/M_0$，$C_{mm}^* = \mu^{(2)} a_R^3 \bar{\theta}_x(0)/M_0$。

a 上层软土层厚度对柔度矩阵中的成分影响分析

不同上层软土层厚度 $h = 0.0\text{m}$，$h = 5.0\text{m}$，$h = 10.0\text{m}$ 时，分别在单位水平荷载、弯矩作用下的柔度矩阵成分 C_{hh}^*、C_{hm}^*、C_{mm}^* 随荷载频率 $\omega^* = 0.0 \sim 1.0$ 的变换关系如图 3-17 所示。从图 3-17a 可知：C_{hh}^* 的幅值随上层软土层的厚度的增加而增大。图 3-17b、图 3-17c 表明，当荷载频率 $\omega^* > 0.4$ 时，C_{hm}^* 随上层软土层厚度变化的趋势与 C_{mm}^* 的相同。

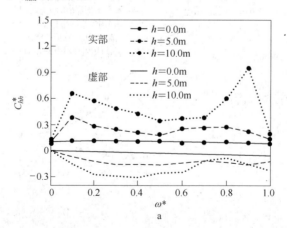

a

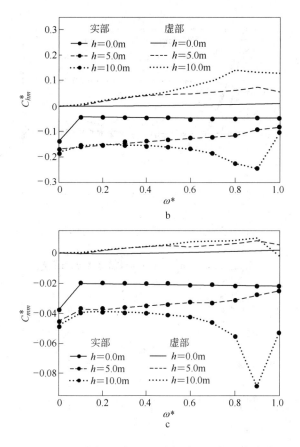

图 3-17 不同上层软土层厚度时，柔度矩阵成分

随荷载频率 ω^* 的变换关系

a—C_{hh}^*；b—C_{hm}^*；c—C_{mm}^*

b 上层软土层厚度对桩身剪力 $\overline{Q}_x^*(z)$、弯矩 $\overline{M}_x^*(z)$、桩侧孔压 $\overline{p}_f^*(z)$ 影响分析

当荷载频率 ω^* = 0.4 时，在单位水平荷载作用下，不同上层软土层厚度 h =0.0m，h = 5.0m，h = 10.0m 时桩身剪力 $\overline{Q}_x^*(z)$、弯矩 $\overline{M}_x^*(z)$、桩侧孔压 $\overline{p}_f^*(z)$ 沿桩长的变化情况如图 3-18 ~ 图 3-20 所示。

从图 3-18 可知，在层状土体上、下层界面处有剪力 $\overline{Q}_x^*(z)$ 的峰值出现，且上层软土层的厚度大所对应的剪力 $\overline{Q}_x^*(z)$ 的峰值大。同样，图 3-19a 表明，上层软土层的厚度大所对应的弯矩 $\overline{M}_x^*(z)$ 的峰值较大。图 3-19 表明，桩下端的弯矩 $\overline{M}_x^*(z)$ 随上层软土层的厚度增加而增大。图 3-20 表明，桩侧孔压 $\overline{p}_f^*(z)$ 主要集中在桩的上端，在层状土体上、下层界面处出现峰值，并且该孔压峰值的实部在上层软土层厚度大时也较大。

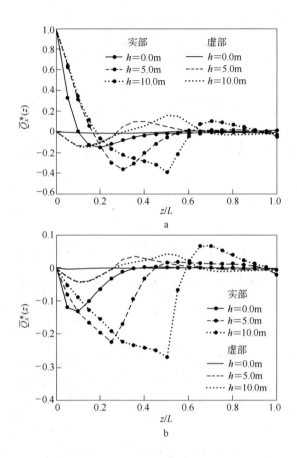

图 3-18 不同上层软土层厚度时桩身剪力 $\overline{Q}_x^*(z)$ 沿桩长的变化情况

a— 单位水平力 $Q_0 e^{i\omega t}$；b—单位弯矩 $M_0 e^{i\omega t}$

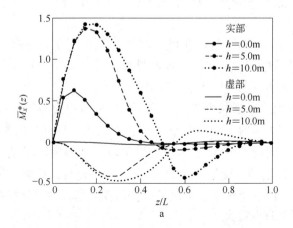

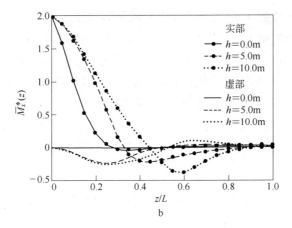

图 3-19　不同上层软土层厚度时，桩身弯矩 $\overline{M}_x^*(z)$ 沿桩长的变化情况

a— 单位水平力 $Q_0 \mathrm{e}^{\mathrm{i}\omega t}$；b—单位弯矩 $M_0 \mathrm{e}^{\mathrm{i}\omega t}$

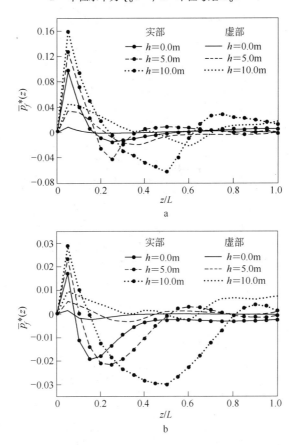

图 3-20　不同上层软土层厚度时，桩侧孔压 $\overline{p}_f^*(z)$ 沿桩长的变化情况

a— 单位水平力 $Q_0 \mathrm{e}^{\mathrm{i}\omega t}$；b—单位弯矩 $M_0 \mathrm{e}^{\mathrm{i}\omega t}$

c   饱和土体参数 b_p 对柔度矩阵中的成分影响分析

对于两层层状饱和土体，分析 $b_p^{(j)} = b_p = 1.0 \times 10^{-4} \mathrm{kg/(m^3 \cdot s)}$、$1.94 \times 10^6 \mathrm{kg/}$ $(m^3 \cdot s)$、$1.94 \times 10^8 \mathrm{kg/(m^3 \cdot s)}(j = 1,2)$ 时，水平向荷载桩的动力的响应。计算中，上层土体厚度取 $h = 5.0m$，其余层状土体参数、桩顶荷载及桩的参数同上节算例。

在不同的参数 $b_p^{(j)}$ 时，C_{hh}^*、C_{mh}^*、C_{mm}^* 随荷载频率 $\omega^* = 0.0 \sim 1.0$ 的变化情况如图 3-21 所示。从图 3-21 中可知，C_{hh}^*、C_{mh}^*、C_{mm}^* 的实部随 b_p 的增大而减小，并

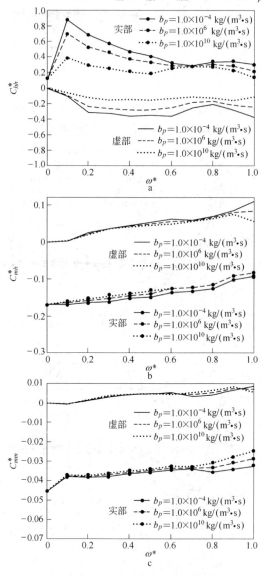

图 3-21   不同参数 $b_p^{(j)}$ 时，柔度矩阵成分随荷载频率 ω^* 的变换关系

a— C_{hh}^*；b—C_{hm}^*；c—C_{mm}^*

且 C_{hh}^* 的变化趋势更明显。当荷载频率趋近于 0 时，参数 $b_p^{(j)}$ 的变化对 C_{hh}^*、C_{mh}^*、C_{mm}^* 几乎没有影响。

d 饱和土体参数 b_p 对桩侧孔压 $\bar{p}_f^*(z)$ 影响分析

当 $\omega^* = 0.4$ 时，不同的参数 $b_p^{(j)}$ 对桩侧孔压 $\bar{p}_f^*(z)$ 沿桩身的变化的影响如图 3-22 所示。从图 3-22 可以看出，当 b_p 较大时，桩侧孔压 $\bar{p}_f^*(z)$ 也较大。

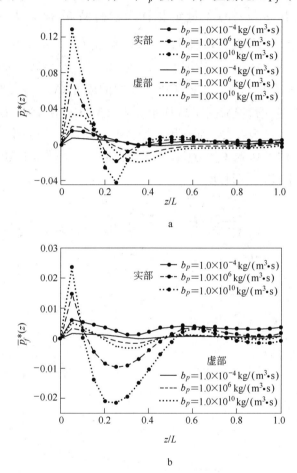

图 3-22 不同参数 $b_p^{(j)}$ 时，桩侧孔压 $\bar{p}_f^*(z)$ 沿桩长的变化情况

a—单位水平力 $Q_0 e^{i\omega t}$；b— 单位弯矩 $M_0 e^{i\omega t}$

B 三层层状饱和土体中水平向荷载桩的动力响应

考察圆柱形截面的桩，直径 d，桩长 L，杨氏模量 E_p，密度 ρ_p，位于三层层状饱和土体中，分别计算当桩顶只作用单位水平简谐荷载 $Q_0 e^{i\omega t}$ 或单位弯矩荷载 $M_0 e^{i\omega t}$ 的响应。三层层状土体模型为两层饱和土体位于半空间饱和土体底层上，

计算中，层状土体分为三种情况：（1）$\mu^{(1)}:\mu^{(2)}:\mu^{(3)}=1:1:1$；（2）$\mu^{(1)}:\mu^{(2)}:$ $\mu^{(3)}=1:0.1:1$；（3）$\mu^{(1)}:\mu^{(2)}:\mu^{(3)}=1:10:1$。其中 $\mu^{(1)}=4.0\times10^7\text{N/m}^2$。$\lambda^{(j)}=\mu^{(j)}(j=1,2,3)$，$h^{(1)}=3.0\text{m}$，$h^{(2)}=5.0\text{m}$。层状土体其余参数同上。桩的参数为：$d=1.0\text{m}$，$L=30.0\text{m}$，$E_p=1.0\times10^{11}\text{N/m}^2$，且参考长度 $a_R=0.5\text{m}$。

在对应单位水平简谐荷载 $Q_0\text{e}^{\text{i}\omega t}$ 或单位弯矩荷载 $M_0\text{e}^{\text{i}\omega t}$ 作用下，剪力 $Q_x(z)$，弯矩 $M_x(z)$，孔压 $p_f(z)$ 的无量纲化同上；荷载频率 ω 无量纲化为 $\omega^*=\sqrt{\rho^{(1)}/\mu^{(1)}}\omega a_R$；式（3-33）中柔度矩阵中的成分 C_{hh}、C_{hm}、C_{mm} 无量纲化为：$C_{hh}^*=\mu^{(1)}a_R\overline{u}_x(0)/Q_0$、$C_{hm}^*=\mu^{(1)}a_R^2\overline{\theta}_x(0)/Q_0$、$C_{mm}^*=\mu^{(1)}a_R^3\overline{\theta}(0)/M_0$。

三种层状土地基模型下，桩的柔度矩阵中的成分 C_{hh}^*、C_{hm}^*、C_{mm}^* 随荷载频率 $\omega^*=0.0\sim1.0$ 变化情况如图 3-23 所示。从图 3-23 a 中可知：C_{hh}^* 的实部在软夹层情况（情况（2））中较大，而在硬夹层情况（情况（3））中较小；图 3-23b、图 3-23c 表示当 $\omega^*>0.2$，C_{hm}^* 与 C_{mm}^* 在三种层状土地基模型下随荷载频率的变化趋势与图 3-23a 中 C_{hh}^* 图形相同。

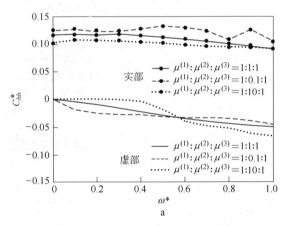

a

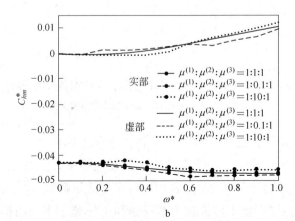

b

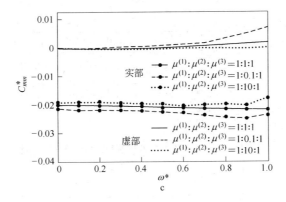

图 3-23 不同层状土体模型下，桩的柔度矩阵中的
成分随荷载频率 ω^* 变化情况

a—C_{hh}^*；b—C_{hm}^*；c—C_{mm}^*

在三种层状土地基模型下，荷载频率 $\omega^* = 0.5$ 时，桩身剪力 $\overline{Q}_x^*(z)$、弯矩 $\overline{M}_x^*(z)$、桩侧孔压 $\overline{p}_f^*(z)$ 沿桩长的变化情况如图 3-24 ~ 图 3-26 所示。

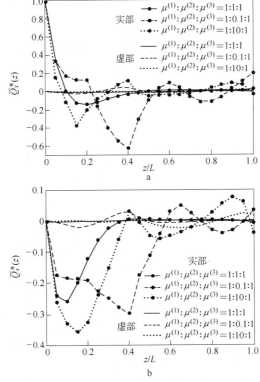

图 3-24 不同层状地基模型下，桩身剪力 $\overline{Q}_x^*(z)$ 沿桩长的变化情况

a—单位水平力 $Q_0 e^{i\omega t}$；b—单位弯矩 $M_0 e^{i\omega t}$

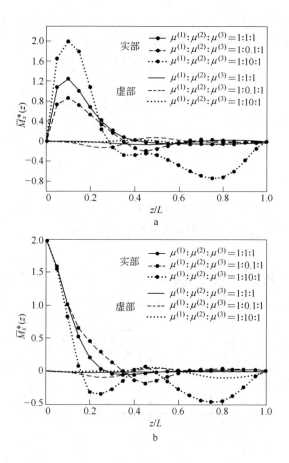

图 3-25 不同层状地基模型下，桩身弯矩 $\overline{M}_x^*(z)$ 沿桩长的变化情况

a—单位水平力 $Q_0 e^{i\omega t}$；b—单位弯矩 $M_0 e^{i\omega t}$

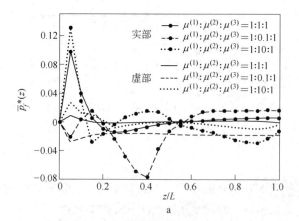

a

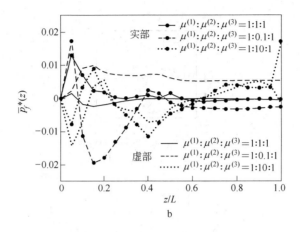

图 3-26 不同层状地基模型下，桩侧孔压 $\bar{p}_f^*(z)$ 沿桩长的变化情况

a—单位水平力 $Q_0 \mathrm{e}^{\mathrm{i}\omega t}$；b—单位弯矩 $M_0 \mathrm{e}^{\mathrm{i}\omega t}$

从图 3-24 可知，在层状土体界面处出现了剪力 $\bar{Q}_x^*(z)$ 的峰值，且在第一层与第二层界面处，情况（3）中剪力 $\bar{Q}_x^*(z)$ 的峰值较其他两种情况大；在第二层与底层界面处，情况（2）中剪力 $\bar{Q}_x^*(z)$ 的峰值较其他两种情况大；图 3-25 表明，三种层状土地基模型下，弯矩 $\bar{M}_x^*(z)$ 的变化情况与剪力 $\bar{Q}_x^*(z)$ 的变化有相同的趋势，且在硬夹层情况（情况（3））下，桩的下端的弯矩 $\bar{M}_x^*(z)$ 较其他两种情况大。图 3-26 表明，三种层状土地基模型下，在层状土体界面处出现了桩侧孔压 $\bar{p}_f^*(z)$ 的峰值，另外，在情况（2）、情况（3）中，位于第一层与第二层土体中的桩侧孔压 $\bar{p}_f^*(z)$ 的实部符号相反，桩下端侧的孔压符号也与其他部位不同。

3.3 桩顶轴向简谐荷载作用下层状饱和土体中群桩的动力响应

本节利用 Muki 虚拟桩和传递透射矩阵法对层状饱和土体中群桩桩顶受轴向简谐荷作用的动力响应进行了研究，分析了饱和土体的不均匀性、桩土的杨氏模量比、桩长等对桩顶的阻抗影响，考察了夹层对角桩、中心桩周孔压、桩身轴力变化情况。

3.3.1 群桩-层状饱和土体第二类 Fredholm 积分方程

轴向简谐荷载作用下群桩-层状饱和土体计算模型如图 3-27 所示，考察刚性承台连接群桩总数为 N_p，相邻两根桩距离为 s，位于层状饱和土体中，在承台顶中心作用有竖向简谐荷载 $Q\mathrm{e}^{\mathrm{i}\omega t}$。群桩的每根桩都相同，且为圆柱形截面的桩，直径 d，桩长 $L(d/L \ll 1)$，杨氏模量 E_p，密度 ρ_p。

根据 Muki 和 Sternberg[56,57] 及 Pak 和 Jennings[109] 方法，该问题的解可由两部

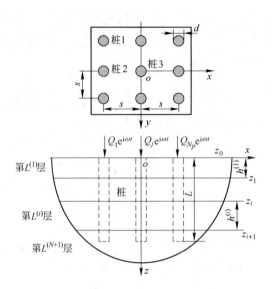

图 3-27　简谐轴向荷载作用下层状饱和土地基中
有刚性承台的群桩俯视图模型

分组成：扩展的半空间层状饱和土体和虚拟桩，如图 3-28 所示。扩展的半空间层状饱和土体满足 Biot 理论方程，而虚拟桩可作为一维弹性杆的振动。据文献 Halpern 和 Christiano[110] 报道，在低频竖向荷载作用下，考虑饱和土体中板的透水和不透水性对板的竖向变形几乎没有多大的影响。因此不严格考虑桩土接触界面的透水性对于计算来说是合理的。为简化分析，只以两层层状饱和土体中桩响应进行分析建立第二类 Fredholm 积分方程，对于其他任意多层的层状饱和土体可采用相同的方法得到。

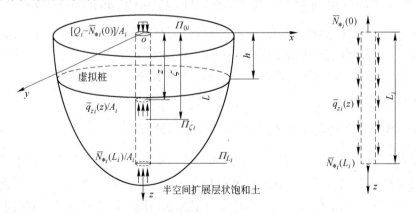

图 3-28　简谐轴向荷载作用下层状饱和土群桩体系中
某单桩分解为扩展层状饱和土体与虚拟桩

两层层状饱和土体模型为上层层状土，下层为半无限空间体。上层土体的 Lame 常量、密度、厚度分别为 $\lambda^{(1)}$、$\mu^{(1)}$、$\rho^{(1)}$、h；下层为半无限空间体的 Lame 常量、密度分别为 $\lambda^{(2)}$、$\mu^{(2)}$、$\rho^{(2)}$。相应的，第 j 根虚拟桩分为两个部分，其杨氏模量、密度为[56,57]：

$$E_{p*i}(z) = E_{pi} - E_s^{(1)}, \ \rho_{p*i}(z) = \rho_{pi} - \rho^{(1)}$$

$$E_{p*i}(z) = E_{pi} - E_s^{(2)}, \ \rho_{p*i}(z) = \rho_{pi} - \rho^{(2)}$$

$$h < z \leqslant L, \ i = 1,2,\cdots,N_p \qquad (3\text{-}34)$$

式中 E_{pi}，$E_s^{(k)}$ ——第 i 根桩层状土体的杨氏模量：
$$E_s^{(k)} = \mu^{(k)}(3\lambda^{(k)} + 2\mu^{(k)})/(\lambda^{(k)} + \mu^{(k)}), \ k = 1,2$$
ρ_{pi}，$\rho^{(k)}$ ——第 i 根桩层状土体的密度（$k=1$，2）。

如图 3-28 所示，记第 j 根虚拟桩的轴力为 $\overline{N}_{*j}(z)$，桩侧沿桩身分布的竖向荷载为 $\overline{q}_{zj}(z)$，桩顶端、底部所受荷载分别为 $\overline{N}_{*j}(0)$、$\overline{N}_{*j}(L)$。扩展层状饱和半空间土所受荷载为 $\overline{q}_{zj}(z)$；第 j 根桩顶、底部所对应的圆形区域 Π_{0j}、Π_{Lj} 上的均布荷载分别为 $[Q_j - \overline{N}_{*j}(0)]/A_j$、$\overline{N}_{*j}(L)/A_j$，其中 $A_j = \pi R^2$ 是第 j 根桩的横截面积。

对第 i 根虚拟桩的位移 $\overline{u}_{z*i}^p(z)$，竖向分布力 $\overline{q}_{zi}(z)$ 和轴力 $\overline{N}_{*i}(z)$ 满足：

$$\overline{q}_{zi}(z) = -\frac{\mathrm{d}\overline{N}_{*i}(z)}{\mathrm{d}z} - \rho_{p*i}(z)A_i\omega^2\overline{u}_{z*i}^p(z) \qquad (3\text{-}35)$$

$$\overline{u}_{z*i}^{(p)}(z) = \overline{u}_{z*i}^{(p)}(0) + \int_0^z \frac{\overline{N}_{*i}(\eta)}{E_{p*i}(\eta)A_i} \,\mathrm{d}\eta, \ i = 1,2,\cdots,N_p \qquad (3\text{-}36)$$

式中 $\overline{u}_{z*i}^p(z)$ ——第 i 根虚拟桩的竖向位移。

对于群桩-层状土体的接触面协调条件为：沿桩轴向即 z 轴的方向任意位置处第 i 根虚拟桩的竖向应变和扩展层状半空间饱和土同一位置处的竖向应变相等：

$$\overline{\varepsilon}_{z*i}^{(p)}(z) = \overline{\varepsilon}_{zi}(z), \ i = 1,2,\cdots,N_p, \ 0 \leqslant z < h, h < z \leqslant L \qquad (3\text{-}37)$$

式中 $\overline{\varepsilon}_{z*i}^{(p)}(z)$ ——第 i 根虚拟桩的竖向应变。

对于两层的层状饱和土，考虑到虚拟桩的轴力在两层的层间处不连续，在第 i 根虚拟桩位置处，沿 z 轴方向扩展层状半空间饱和土的竖向应变为：

$$\overline{\varepsilon}_{zi}(z) = \sum_{j=1}^{N_p}\{[Q_j + \overline{N}_{*j}(0)]\overline{\varepsilon}_z^{(G)}(r_{ij},0,z) - \overline{N}_{*j}(L)\overline{\varepsilon}_z^{(G)}(r_{ij},L_j,z) -$$

$$\int_0^{L_j} \overline{q}_{zj}(\zeta) \overline{\varepsilon}_z^{(G)}(r_{ij},\zeta,z) \mathrm{d}\zeta \} , \ 0 \leqslant z < h , \ h < z \leqslant L_i \quad (3\text{-}38)$$

由式(3-37)、式(3-38)可得:

$$\overline{\varepsilon}_{zi}(z) = Q_i \overline{\varepsilon}_z^{(G)}(r_{ii},0,z) - \overline{N}_{*i}(z)[\overline{\varepsilon}_z^{(G)}(r_{ii},z^+,z) - \overline{\varepsilon}_z^{(G)}(r_{ii},z^-,z)] -$$

$$\int_0^{L_i} \overline{N}_{*i}(\zeta) \frac{\partial \overline{\varepsilon}_z^{(G)}(r_{ii},\zeta,z)}{\partial \zeta} \mathrm{d}\zeta + \int_0^{L_i} \rho_{p*i}(\zeta) A_i \omega^2 \overline{u}_{z*i}^p(\zeta) \ \overline{\varepsilon}_z^{(G)}(r_{ii},\zeta,z) \mathrm{d}\zeta +$$

$$\sum_{j=1}^{N_p(j \neq i)} [Q_j \overline{\varepsilon}_z^{(G)}(r_{ij},0,z) - \int_0^{L_j} \overline{N}_{*j}(\zeta) \frac{\partial \overline{\varepsilon}_z^{(G)}(r_{ij},\zeta,z)}{\partial \zeta} \mathrm{d}\zeta +$$

$$\int_0^{L_j} \rho_{p*j}(\zeta) A_j \omega^2 \overline{u}_{z*j}^p(\zeta) \ \overline{\varepsilon}_z^{(G)}(r_{ij},\zeta,z) \mathrm{d}\zeta] , \ 0 \leqslant z < h , \ h < z \leqslant L \quad (3\text{-}39)$$

式中 $\overline{\varepsilon}_z^{(G)}(r_{ii},z^-,z)$, $\overline{\varepsilon}_z^{(G)}(r_{ii},z^+,z)$——分别为作用在第 i 根虚拟桩所在位置处圆形区域 $\Pi_{\zeta i}$ 的竖向均布荷载从上、下部无限趋近于第 i 根虚拟桩所在位置处 Π_{zi} 处的竖向应变。

$\overline{\varepsilon}_z^{(G)}(r_{ij},\zeta,z)$——竖向均布的圆形荷载作用在第 j 根虚拟桩所在位置处区域 $\Pi_{\zeta j}$ 引起的第 i 根虚拟桩所在位置处圆形区域 Π_{zi} 的竖向应变,如图 3-28 所示,其表达式可由文献 [48] 中关于层状饱和土体内部受竖向简谐荷载作用下的 TRM 法求解得到,且 r_{ij} 是第 i 根桩与第 j 根桩之间的水平距离。当 $i = j$, $r_{ij} = 0$。

由式(3-35)~式(3-38),可得到第 i 根桩-层状饱和土体相互作用的第二类 Fredholm 积分方程:

$$\frac{\overline{N}_{*i}(z)}{E_{p*i}(z) A_i} + \overline{N}_{*i}(z)[\overline{\varepsilon}_z^{(G)}(r_{ii},z^+,z) - \overline{\varepsilon}_z^{(G)}(r_{ii},z^-,z)] +$$

$$\sum_{j=1}^{N_p} [\int_0^{L_j} \overline{N}_{*j}(\zeta) \frac{\partial \overline{\varepsilon}_z^{(G)}(r_{ij},\zeta,z)}{\partial \zeta} \mathrm{d}\zeta - \int_0^{L_j} \frac{\overline{N}_{*j}(\zeta)}{E_{p*j}(\zeta)} \chi_{ij}^{(a)}(\zeta,z) \mathrm{d}\zeta -$$

$$\chi_{ij}^{(b)}(z) \overline{u}_{z*j}^p(0)] = \sum_{j=1}^{N_p} Q_j \overline{\varepsilon}_z^{(G)}(r_{ij},0,z) \quad 0 \leqslant z < h , \ h < z \leqslant L \quad (3\text{-}40)$$

其中
$$\chi_{ij}^{(a)}(\zeta,z) = \int_{\zeta}^{L_j} \rho_{p*j}(\eta)\omega^2 \bar{\varepsilon}_z^{(G)}(r_{ij},\eta,z)\,\mathrm{d}\eta$$

$$\chi_{ij}^{(b)}(z) = \int_0^{L_j} \rho_{p*j}(\eta)A_j\omega^2 \bar{\varepsilon}_z^{(G)}(r_{ij},\eta,z)\,\mathrm{d}\eta \qquad (3\text{-}41)$$

利用相同的方法，可得到第 i 根桩位置 Π_z 处扩展层状饱和土体的竖向位移：

$$\bar{u}_{zi}(z) = \sum_{j=1}^{N_p} \Big\{ \big[Q_j + \overline{N}_{*j}(0) \big] \overline{U}_z^{(G)}(r_{ij},0,z) - \overline{N}_{*j}(L_j)\overline{U}_z^{(G)}(r_{ij},L_j,z) - $$

$$\int_0^{L_j} \bar{q}_{zj}(\zeta)\ \overline{U}_z^{(G)}(r_{ij},\zeta,z)\,\mathrm{d}\zeta \Big\} \qquad (3\text{-}42)$$

式中　$\overline{U}_z^{(G)}(r_{ij},\zeta,z)$ ——竖向均布的圆形荷载作用在第 j 根虚拟桩所在位置处区域 $\Pi_{\zeta j}$ 引起的第 i 根虚拟桩所在位置处圆形区域 Π_{zi} 的竖向位移，如图 3-28 所示，其表达式可由文献［48］中关于层状饱和土体内部受竖向简谐荷载作用下的 TRM 法求解得到。

式(3-40)中，桩顶的竖向位移 $\bar{u}_{z*i}^p(0)$ 是未知的，可根据桩顶处的位移与扩展饱和土体表面处的位移相等作为补充方程求得，即：

$$\bar{u}_{z*i}^{(p)}(0) = \bar{u}_{zi}(0) \qquad (3\text{-}43)$$

则 $\bar{u}_{z*i}^p(0)$ 可由式(3-44)得到：

$$\sum_{j=1}^{N_p} \Big\{ -\int_0^{L_j} \overline{N}_{*j}(\zeta)\frac{\partial \overline{U}_z^{(G)}(r_{ij},\zeta,0)}{\partial\zeta}\mathrm{d}\zeta + \int_0^{L_j} \frac{\overline{N}_{*j}(\zeta)}{E_{p*j}(\zeta)}\bar{\chi}_{ij}^{(c)}(\zeta,0)\mathrm{d}\zeta + $$

$$\bar{u}_{z*j}^{(p)}(0)\Big[\bar{\chi}_{ij}^{(d)}(0) - \delta_{ij}\Big] \Big\} = $$

$$-\sum_{j=1}^{N_p} Q_j \overline{U}_z^{(G)}(r_{ij},0,0), \ 0 \leqslant z < h,\ h < z \leqslant L \qquad (3\text{-}44)$$

其中
$$\bar{\chi}_{ij}^{(c)}(\zeta,z) = \int_{\zeta}^{L_j} \rho_{p*j}(\eta)\omega^2 \overline{U}_z^{(G)}(r_{ij},\eta,z)\,\mathrm{d}\eta$$

$$\bar{\chi}_{ij}^{(d)}(z) = \int_0^{L_j} \rho_{p*j}(\eta)A_j\omega^2 \overline{U}_z^{(G)}(r_{ij},\eta,z)\,\mathrm{d}\eta$$

考虑到群桩的 N_p 根桩由刚性承台连接，则群桩顶承台的位移 $\bar{u}_z^{(C)}$ 与每根桩顶的位移相等：

$$\bar{u}_{z*i}^{(p)}(0) = \bar{u}_z^{(C)}, \quad i = 1,2,\cdots,N_p \tag{3-45}$$

作用在刚性承台上的简谐荷载由 N_p 根桩承担，有：

$$Q = \sum_{j=1}^{N_p} Q_j \tag{3-46}$$

第 i 根真实桩 Π_{zi} 位置处的轴力包括两个部分叠加：第 i 根虚拟桩的轴力及 Π_{zi} 处扩展层状饱和土体 Π_{zi} 处的竖向力：

$$\bar{N}_i(z) = \sum_{j=1}^{N_p} \left\{ -Q_j \bar{f}^{(G)}(r_{ji},0,z) + \int_0^{L_j} \bar{N}_{*j}(\zeta) \frac{\partial \bar{f}^{(G)}(r_{ji},\zeta,z)}{\partial \zeta} \mathrm{d}\zeta - \right.$$

$$\int_0^{L_j} \frac{\bar{N}_{*j}(\zeta)}{E_{p*j}(\zeta)} \mathrm{d}\zeta \int_\zeta^{L_j} \rho_{p*j}(\eta)\omega^2 \bar{f}^{(G)}(r_{ji},\eta,z)\mathrm{d}\eta -$$

$$\left. \bar{u}_{z*j}^p(0) \int_\zeta^{L_j} \rho_{p*j}(\zeta)A_j\omega^2 \bar{f}^{(G)}(r_{ji},\zeta,z)\mathrm{d}\zeta \right\} \tag{3-47}$$

式中　$\bar{f}^{(G)}(r_{ij},\zeta,z)$ ——大小为 $\bar{\sigma}_z^{(G)}(r_{ij},\zeta,z)A_i$，$\bar{\sigma}_z^{(G)}(r_{ij},\zeta,z)$ 为竖向均布的圆形荷载作用在第 j 根虚拟桩所在位置处区域 $\Pi_{\zeta j}$ 引起第 i 根虚拟桩所在位置处圆形区域 Π_{zi} 的竖向应力，其表达式可由文献 [48] 中关于层状饱和土体内部受竖向简谐荷载作用下的 TRM 法求解得到。

第 i 根桩沿桩侧的孔压为：

$$\bar{p}_{fi}(z) = \sum_{j=1}^{N_p} \left\{ Q_j \bar{p}_f^{(G)}(r_{ij},0,z) - \int_0^{L_j} \bar{N}_{*j}(\zeta) \frac{\partial \bar{p}_f^{(G)}(r_{ij},\zeta,z)}{\partial \zeta} \mathrm{d}\zeta + \right.$$

$$\int_0^{L_j} \frac{\bar{N}_{*j}(\zeta)}{E_{p*j}(\zeta)} \mathrm{d}\zeta \int_\zeta^{L_j} \rho_{p*j}(\eta)\omega^2 \bar{p}_f^{(G)}(r_{ij},\eta,z)\mathrm{d}\eta +$$

$$\left. \bar{u}_{z*j}^p(0) \int_\zeta^{L_j} \rho_{p*j}(\zeta)A_j\omega^2 \bar{p}_f^{(G)}(r_{ji},\zeta,z)\mathrm{d}\zeta \right\} \tag{3-48}$$

式中　$\bar{p}_f^{(G)}(r_{ij},\zeta,z)$ ——竖向均布的圆形荷载作用在第 j 根虚拟桩所在位置处区域 $\Pi_{\zeta j}$ 引起的第 i 根虚拟桩所在位置处圆形区域 Π_{zi} 的孔压，其表达式可由文献 [48] 中关于层状饱和土体内部受竖向简谐荷载作用下的 TRM 法求解得到。

由文献［103］，定义有刚性承台的群桩的阻抗为：

$$K_V^G = \frac{Q}{\overline{u}_z^{(C)}} \tag{3-49}$$

3.3.2 数值验证与算例分析

3.3.2.1 数值验证

考察位于层状饱和土体中有刚性承台的 3×3 群桩，在承台顶中心作用有竖向简谐荷载 $Qe^{i\omega t}$ 的动力响应，计算模型如图 3-27 所示。群桩的每根桩都相同，且为圆柱形截面的桩，直径 d，桩长 L，杨氏模量 E_p，密度 ρ_p。层状土体模型为：两层土体位于半空间饱和土体上，若每层土体的参数相同，则层状土体的解可与均质的土体的解相同，层状土体的参数为：$\mu^{(j)} = 1.0 \times 10^6 \mathrm{N/m^2}$，$\lambda^{(j)} = 1.0 \times 10^6 \mathrm{N/m^2}$，$M^{(j)} = 2.44 \times 10^8 \mathrm{N/m^2}$，$\phi^{(j)} = 0.4$，$\rho_s^{(j)} = 2.5 \times 10^3 \mathrm{kg/m^3}$，$\alpha^{(j)} = 0.97$，$b_p^{(j)} = 1.94 \times 10^{11} \mathrm{kg/(m^3 \cdot s)}$，$\rho_f^{(j)} = 1.0 \times 10^3 \mathrm{kg/m^3}$，$a_\infty^{(j)} = 2.0 (j = 1,2,3)$，$h^{(1)} = h^{(2)} = 3.0 \mathrm{m}$。群桩中每根桩的参数为 $d = 1.0 \mathrm{m}$，$L = 20.0 \mathrm{m}$，$E_p = 2.5 \times 10^9 \mathrm{N/m^2}$，$\rho_p = 3.75 \times 10^3 \mathrm{kg/m^3}$。荷载频率 ω 无量纲化为 $\omega^* = 0.5d\sqrt{\rho^{(1)}/\mu^{(1)}}\omega$；群桩竖向阻抗 K_V^G 的无量纲化为 $K_V^{G*} = K_V^G/(N_p K_{V0}^S)$，其中 K_{V0}^S 表示单根桩受到荷载为静载、幅值大小与承台所受动载相同时的阻抗，N_p 为群桩中桩的根数。

当 3×3 群桩中的桩间距比 $s/d = 2.0$、$s/d = 5.0$、$s/d = 10.0$ 时，群桩竖向阻抗 K_V^{G*} 的实部、虚部与荷载频率的关系如图 3-29 所示。图中还标出了文献［103］在相同荷载条件下，均质饱和土体中群桩的阻抗随荷载频率的变化情况，与文献［103］结果比较，本文结果与文献［103］结果相吻合。

3.3.2.2 算例分析

A 两层层状饱和土体中群桩的动力响应

计算模型如图 3-27 所示，3×3 群桩有刚性承台连接，相邻两根桩距离为 s，位于两层层状饱和土体中，在承台顶中心作用有竖向简谐荷载 $Qe^{i\omega t}$。群桩的每根桩都相同，且为圆柱形截面的桩，直径 d，桩长 L，杨氏模量 E_p，密度 ρ_p。层状土体为上层软土层而下层土体为半空间饱和土体，层状土体参数为：$\mu^{(1)} = 1.0 \times 10^6 \mathrm{N/m^2}$，$\mu^{(2)} = 1.0 \times 10^7 \mathrm{N/m^2}$，$\lambda^{(1)} = 1.0 \times 10^6 \mathrm{N/m^2}$，$\lambda^{(2)} = 1.0 \times 10^7 \mathrm{N/m^2}$，$\phi^{(j)} = 0.4$，$\rho_s^{(j)} = 2.5 \times 10^3 \mathrm{kg/m^3}$，$a_\infty^{(j)} = 2.0$，$\rho_f^{(j)} = 1.0 \times 10^3 \mathrm{kg/m^3}$，$\alpha^{(j)} = 0.97$，$b_p^{(j)} = 1.94 \times 10^8 \mathrm{kg/(m^3 \cdot s)}$，$M^{(j)} = 2.44 \times 10^8 \mathrm{N/m^2}(j = 1,2)$。桩的参数为 $d = 1.0 \mathrm{m}$，$L = 20.0 \mathrm{m}$，$\rho_p = 3.75 \times 10^3 \mathrm{kg/m^3}$，$E_p = 2.5 \times 10^{10} \mathrm{N/m^2}$，参考长度 $a_R = 0.5 \mathrm{m}$。

对于两层层状饱和土体中有刚性承台的群桩，将分析上层软土层厚度 h 在不

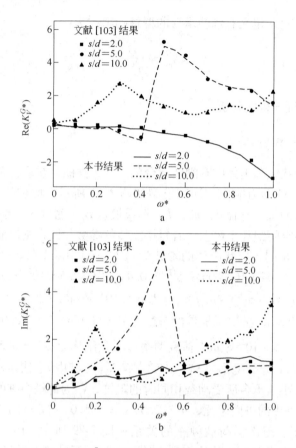

图 3-29   群桩竖向阻抗 K_V^{G*} 与荷载频率的关系与文献［103］结果比较

a—竖向阻抗 K_V^{G*} 的实部；b—竖向阻抗 K_V^{G*} 的虚部

同的桩间距比 s/d 条件下对群桩响应的影响。计算分析中荷载频率 ω、每根桩的轴力 $N(z)$ 及孔压 $p_f(z)$ 无量纲化为 $\omega^* = \omega a_R \sqrt{\rho^{(1)}/\mu^{(1)}}$，$\overline{N}^*(z) = \overline{N}(z)/Q$，$\overline{p}_f^*(z) = \pi a_R^2 \overline{p}_f(z)/Q$。群桩阻抗 K_V^G 无量纲化为 $K_V^{G*} = K_V^G/(N_p K_{V0}^S)$，其中 K_{V0}^S 表示单根桩受到荷载为静载，幅值大小与承台所受动载时的阻抗相同，N_p 为群桩中桩的根数。

  a   上层软土层厚度对群桩竖向阻抗的影响分析

当上层软土层厚度为 $h = 0.0 \text{m}$、$h = 5.0 \text{m}$、$h = 7.0 \text{m}$ 时，分别考虑桩间距比 $s/d = 2.0$、$s/d = 10.0$，有刚性承台群桩竖向阻抗 K_V^{G*} 的实部、虚部与荷载的无量纲频率 $\omega^* = 0.0 \sim 1.0$ 关系如图 3-30 所示，从图 3-30 中可知，当 $\omega^* > 0.2$，有刚性承台的群桩竖向阻抗 K_V^{G*} 的实部随荷载的频率变化不大。而 K_V^{G*} 的虚部一直与荷载的频率变化紧密相关。另外，上层软土层厚度越大，竖向阻抗 K_V^{G*} 的实部越小，但 K_V^{G*} 的虚部增大。

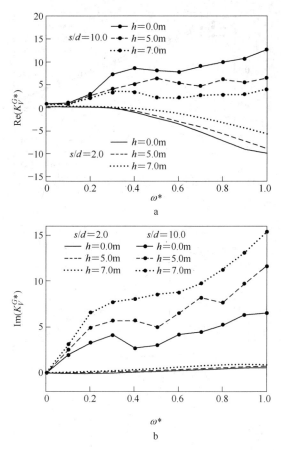

图 3-30 不同上层软土层厚度时，群桩 3×3 竖向阻抗 K_V^{G*} 与荷载纲频率 ω^* 关系

a—竖向阻抗 K_V^{G*} 的实部；b—竖向阻抗 K_V^{G*} 的虚部

b 上层软土层厚度对群桩轴力、桩侧孔压的影响分析

在承台顶中心作用有竖向简谐荷载无量纲频率 $\omega^* = 0.5$ 时，分别考虑桩间距比 $s/d = 2.0$，$s/d = 10.0$，不同的上层软土层厚度 $h = 0.0$m、$h = 5.0$m、$h = 7.0$m，对有刚性承台的群桩的无量纲轴力、桩侧孔压沿桩长分布的影响如图 3-31 ~ 图 3-34 所示。

从图 3-31 表明，角桩（桩 1）的轴力 $\overline{N}^*(z)$ 的实部随上层软土层厚度增加而增大，并且在 $s/d = 10.0$ 情况下角桩（桩 1）的轴力 $\overline{N}^*(z)$ 的实部随上层软土层厚度变化比在 $s/d = 2.0$ 时更明显。把图 3-32 与图 3-31 比较可知：在 $s/d = 2.0$ 时，中心桩（桩 3）的轴力 $\overline{N}^*(z)$ 的实部随上层软土层厚度变化与角桩（桩 1）的变化趋势刚好有相反的情况。而在 $s/d = 10.0$ 情况下，两者变化趋势相同。另外，从图 3-33、图 3-34 可以看出，在上、下层土的界面处，角桩（桩 1）、中

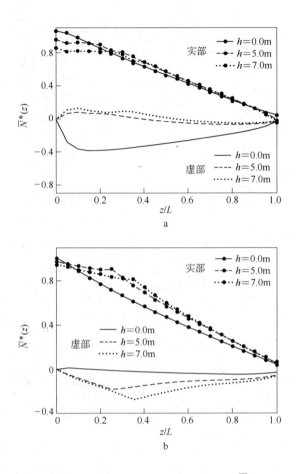

图 3-31 不同上层软土层厚度时，角桩（桩 1）的轴力 $\overline{N}^*(z)$ 沿桩长的分布

a— s/d = 2.0；b— s/d = 10.0

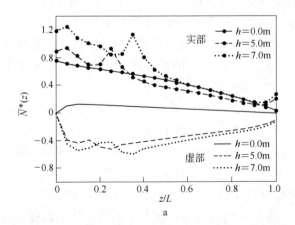

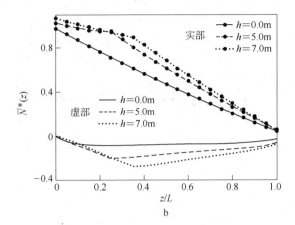

图 3-32　不同上层软土层厚度时，中心桩（桩3）的轴力 $\overline{N}^*(z)$ 沿桩长的分布

a— s/d = 2.0；b— s/d = 10.0

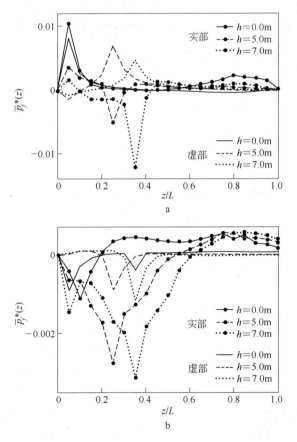

图 3-33　不同上层软土层厚度时，角桩（桩1）的桩侧孔压 $\overline{p}_f^*(z)$ 沿桩长的分布

a— s/d = 2.0；b— s/d = 10.0

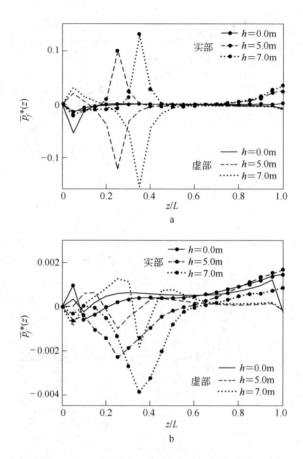

图 3-34   不同上层软土层厚度时，中心桩（桩 3）的

桩侧孔压 $\bar{p}_f^*(z)$ 沿桩长的分布

a— $s/d = 2.0$；b— $s/d = 10.0$

心桩（桩 3）桩侧孔压的实部有负的孔压，而且其幅值大小随上层软土层厚度增加而增大。

B 三层层状饱和土体中群桩的动力响应

考察位于三层层状饱和土体中，$N_p = 3 \times 3$ 有刚性承台连接群桩，相邻两根桩距离为 s，在承台顶中心作用有竖向简谐荷载 $Qe^{i\omega t}$ 的动力响应，计算模型如图 3-27 所示。群桩的每根桩都相同，且为圆柱形截面的桩，直径 d，桩长 L，杨氏模量 E_p，密度 ρ_p。三层层状土体模型为两层饱和土体位于半空间饱和土体底层上，计算中，层状土体分为三种情况：(1)$\mu^{(1)} : \mu^{(2)} : \mu^{(3)} = 1 : 1 : 1$；(2)$\mu^{(1)} : \mu^{(2)} : \mu^{(3)} = 1 : 10 : 1$；(3)$\mu^{(1)} : \mu^{(2)} : \mu^{(3)} = 1 : 0.1 : 1$，其中 $\mu^{(1)} = 1.0 \times 10^7 \text{N/m}^2$。$h^{(1)} = 5.0\text{m}$，$h^{(2)} = 10.0\text{m}$。层状土体其余参数同上述算例。桩的参数为：$d = 1.0\text{m}$，$L = 30.0\text{m}$，$E_p = 2.5 \times 10^{10} \text{N/m}^2$，$\rho_p = 3.75 \times 10^3 \text{kg/m}^3$，参考长度 $a_R =$

0.5m。荷载频率 ω、轴力 $N(z)$ 及孔压 $p_f(z)$ 无量纲化分别为 $\omega^* = \sqrt{\rho^{(1)}/\mu^{(1)}}\omega a_R$，$\overline{N}^*(z) = \overline{N}(z)/Q$，$\overline{p}_f^*(z) = \pi a_R^2 \overline{p}_f(z)/Q$。群桩阻抗 K_V^G 无量纲化为 $K_V^{G*} = K_V^G/(N_p K_{V0}^S)$，其中 K_{V0}^S 表示单根桩受到荷载为静载，幅值大小与承台所受动载时的阻抗相同，N_p 为群桩中桩的根数。

三种层状土地基模型下，有刚性承台的群桩在桩间距比 $s/d = 2.0$ 时，群桩竖向阻抗 K_V^{G*} 的实部、虚部与荷载的无量纲频率 $\omega^* = 0.0 \sim 1.0$ 关系如图 3-35 所示。从图 3-35a 中可知，硬夹层（情况（2））将提高群桩竖向阻抗 K_V^{G*} 的实部，而软夹层则会使群桩竖向阻抗 K_V^{G*} 的实部降低。图 3-35b 表明软夹层则会使群桩竖向阻抗 K_V^{G*} 的虚部比其他两种情况下的值要大。

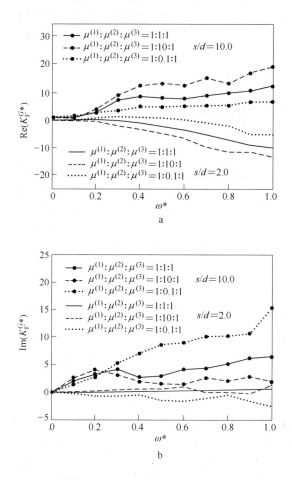

图 3-35 三种层状土地基模型下，群桩竖向阻抗 K_V^{G*} 与荷载的无量纲频率 ω^* 的关系

a— K_V^{G*} 的实部；b— K_V^{G*} 的虚部

当荷载频率 $\omega^* = 0.5$，三种层状土地基模型下，有刚性承台的群桩在桩间距比 $s/d = 2.0$，$s/d = 10.0$ 时，桩身无量纲化轴力 $\overline{N}^*(z)$、孔压 $\overline{p}_f^*(z)$ 沿桩长的变化情况如图 3-36 ~ 图 3-39 所示。

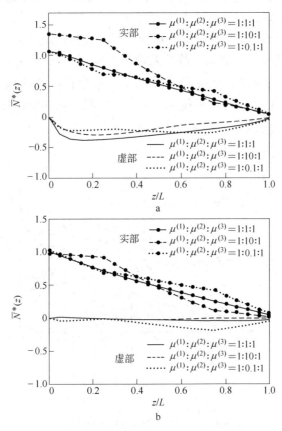

图 3-36 三种层状土地基模型下，角桩（桩 1）身轴力 $\overline{N}^*(z)$ 沿桩长的变化情况

a— $s/d = 2.0$；b— $s/d = 10.0$

图 3-36a 表明，硬夹层（情况（2））将使角桩（桩 1）的轴力 $\overline{N}^*(z)$ 的实部在桩上端比其他两种情况大；而在软夹层（情况（3））中，情况则相反。从图 3-36、图 3-37 可知：当 $s/d = 10.0$ 时，角桩（桩 1）、中心桩（桩 3）的轴力 $\overline{N}^*(z)$ 的实部沿桩长分布与已讨论的角桩（桩 1）在 $s/d = 2.0$ 情况下变化趋势相同。图 3-38、图 3-39 表明，软夹层（情况（3））中，桩侧孔压有负值出现。硬夹层（情况（2））将使中心桩（桩 3）侧的孔压实部比其他两种情况大。对于角桩（桩 1）侧的孔压在土体层状性差异大时比均质时要大。当 $s/d = 10.0$ 时，角桩（桩 1）、中心桩（桩 3）侧的孔压的实部沿桩长分布与已讨论的角桩（桩 1）在 $s/d = 2.0$ 情况下变化趋势相同。

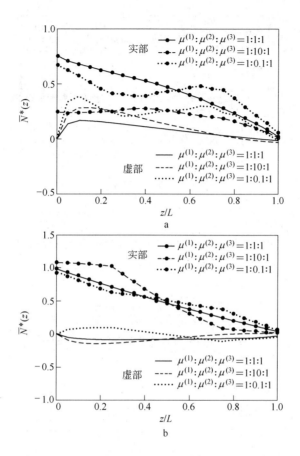

图 3-37 三种层状土地基模型下，中心桩（桩 3）身轴力
$\overline{N}^*(z)$ 沿桩长的变化情况

a—$s/d = 2.0$；b—$s/d = 10.0$

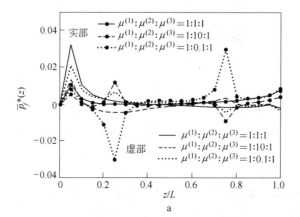

a

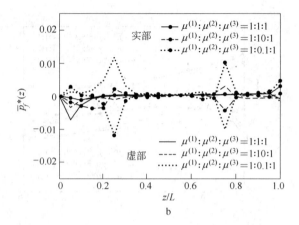

图 3-38　三种层状土地基模型下，角桩（桩 1）侧孔压 $\bar{p}_f^*(z)$ 沿桩长的变化情况

a— $s/d = 2.0$；b— $s/d = 10.0$

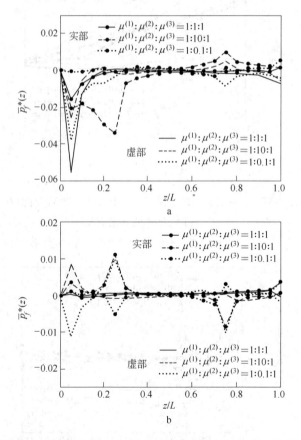

图 3-39　三种层状土地基模型下，中心桩（桩 3）侧孔压 $\bar{p}_f^*(z)$ 沿桩长的变化情况

a— $s/d = 2.0$；b— $s/d = 10.0$

4 饱和土中排桩对瑞利波及简谐荷载的隔振研究

本章根据饱和土体内部受圆形均布简谐荷载作用下的基本解及饱和土体表面瑞利波作用下的自由波场解，采用 Muki 虚拟桩法，桩考虑为一维弹性杆的振动，分析了饱和土体中排桩对瑞利波场、简谐荷载振源的被动隔振效果。对排桩的排列分布、饱和土体参数、层状性、振源性质等影响排桩隔振的因素作了分析，并与文献[94]已知的结果进行了比较。频域内的排桩隔振分析是对移动荷载振源情况下的时间-空间隔振分析的基础。

4.1 排桩对饱和土体中瑞利波的隔振效果研究

4.1.1 半空间饱和土在瑞利波作用下的波场解

在本章中假设瑞利波为二维的非均匀面波。因此，由第 2 章对直角坐标系下 Biot 理论控制方程的解耦可知，饱和土的波势函数在频域内的二维 Helmholtz 方程为：

$$\nabla^2 \overline{\varphi}_f + k_f^2 \overline{\varphi}_f = 0 \tag{4-1}$$

$$\nabla^2 \overline{\varphi}_s + k_s^2 \overline{\varphi}_s = 0 \tag{4-2}$$

$$\nabla^2 \overline{\psi} + k_t^2 \overline{\psi} = 0 \tag{4-3}$$

式中 $\overline{\varphi}_f, \overline{\varphi}_s$ ——分别为饱和半空间中 P_1 波、P_2 波的势函数；

$\overline{\psi}$ ——剪切波矢量势 $\overline{\psi}$ 的唯一二维分量；

∇^2 ——直角坐标系中的二维拉普拉斯算子，$\nabla^2 = \partial^2/\partial x^2 + \partial^2/\partial y^2$。

在二维情形下，位移和孔压有如下表达式：

$$\overline{u}_x = \frac{\partial \overline{\varphi}_f}{\partial x} + \frac{\partial \overline{\varphi}_s}{\partial x} + \frac{\partial \overline{\psi}}{\partial z} \tag{4-4}$$

$$\overline{u}_z = \frac{\partial \overline{\varphi}_f}{\partial z} + \frac{\partial \overline{\varphi}_s}{\partial z} - \frac{\partial \overline{\psi}}{\partial x} \tag{4-5}$$

$$\overline{p}_f = - A_f k_f^2 \overline{\varphi}_f - A_s k_s^2 \overline{\varphi}_s \tag{4-6}$$

假设瑞利波由如下的势函数确定：

$$\begin{cases} \overline{\varphi}_f(x,z)\,\mathrm{e}^{i\omega t} = A_f^R(\mathrm{e}^{-ik_rx-ik_fn_fz})\,\mathrm{e}^{i\omega t} \\[2mm] \overline{\varphi}_s(x,z)\,\mathrm{e}^{i\omega t} = A_s^R(\mathrm{e}^{-ik_rx-ik_sn_sz})\,\mathrm{e}^{i\omega t} \\[2mm] \overline{\psi}(x,z)\,\mathrm{e}^{i\omega t} = A_t^R(\mathrm{e}^{-ik_rx-ik_tn_tz})\,\mathrm{e}^{i\omega t} \end{cases} \tag{4-7}$$

式中　A_f^R，A_s^R，A_t^R——分别为瑞利波中 P_1 波、P_2 波和 S 波的波函数幅值；

　　　　k_r——瑞利波的复波数；

　　　k_f，k_s，k_t——分别为饱和半空间中 P_1 波、P_2 波和 S 波的复波数；

　　　n_f，n_s，n_t——分别为 P_1 波、P_2 波和 S 波垂直方向余弦复数值。

将式(4-7)代入式(4-1)~式(4-3)中，可得以下关系：

$$n_f^2k_f^2 + k_r^2 = k_f^2, \quad n_s^2k_s^2 + k_r^2 = k_s^2, \quad n_t^2k_t^2 + k_r^2 = k_t^2 \tag{4-8}$$

饱和半空间表面的完全透水和完全不透水的边界条件有如下的表达式：

$$\overline{\sigma}_{zz}(x,0) = 0, \quad \overline{\sigma}_{zx}(x,0) = 0, \quad \overline{p}_f(x,0) = 0（完全透水） \tag{4-9}$$

$$\overline{\sigma}_{zz}(x,0) = 0, \quad \overline{\sigma}_{zx}(x,0) = 0, \quad \overline{w}_z(x,0) = 0（完全不透水） \tag{4-10}$$

利用式(4-1)~式(4-8)可得势函数表示的位移、应力和孔压，然后再代入边界条件式（4-9）或式（4-10），得关于 A_f^R、A_s^R、A_t^R 的三个方程。根据方程组系数行列式为零的条件可得关于饱和土的复瑞利方程。值得指出的是由式（4-9）或式（4-10）所确定的饱和土的瑞利方程中含有复方向余弦 n_f、n_s、n_t，其可通过式（4-8）由瑞利波复波数 k_r 来表示。但其为平方根函数，因此，是一般的非线性函数。为了避免求解一般的非线性方程，把由式（4-9）或式（4-10）所确定的复瑞利方程中的 n_f、n_s、n_t 的奇数项移到瑞利方程的右端，然后对方程进行平方运算，经过两次这样的运算，最后得到关于瑞利波复波数 k_r 平方的七次多项式（表面透水）或九次多项式（表面不透水）。七次或九次复数多项式方程可以很精确地进行求解，求解结果得到七个或九个瑞利波的复波数 $k_r^{[111]}$。

为了保证瑞利波沿传播方向的衰减，k_r 虚部必须小于等于零；同时，为了使得饱和土中瑞利波沿深度方向呈指数衰减，瑞利波的波速必须小于饱和土中的剪切波速。此外，当满足上述两个条件的瑞利方程的根，其个数超过两个时，必须根据瑞利方程的根所构成的速度频散曲线和衰减曲线是否连续和可微来进行根的选择。另外，n_f、n_s、n_t 的复根选取必须满足 $\mathrm{Im}(n_\beta k_\beta) \leqslant 0$，$\beta = f,s,t$。得出 k_r 和 n_f、n_s、n_t 后，波函数幅值间比值可利用由边界条件所确定的关于 A_f^R、A_s^R、A_t^R 三个方程中的任意两个来确定，瑞利波所确定的位移、应力、孔压可利用所得波函数计算得到。

4.1.2 均质饱和土内部受垂直、水平向圆形简谐荷载作用下的基本解

半空间饱和土内部作用简谐圆形载荷计算模型如图 4-1 所示，内部作用圆形荷载的饱和半空间被荷载作用面分为 D_1 和 D_2 两部分。该问题属于轴对称的情况，采用柱坐标（r，θ，z）会使问题的求解较为简便。

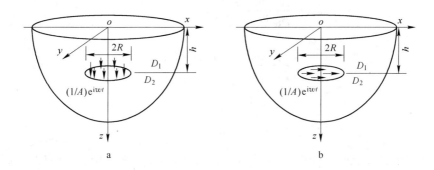

图 4-1 半空间饱和土内部作用简谐圆形载荷示意图
a—垂直荷载情况；b—水平荷载情况

对于半空间饱和土在内部受垂直方向的单位圆形荷载作用下的基本解，在柱坐标下，土骨架和流体的 Helmhotlz 方程矢量势函数 $\overline{\psi}$ 可退化为两个标量势函数 $\overline{\chi}$ 和 $\overline{\eta}$[21]。由 2.1 节中解耦 Biot 理论方程后可得，势函数 $\overline{\varphi}_f$、$\overline{\varphi}_s$、$\overline{\chi}$、$\overline{\eta}$ 满足柱坐标下的 Helmhotlz 方程：

$$\begin{cases} \left(\dfrac{\partial^2}{\partial r^2} + \dfrac{1}{r} \dfrac{\partial}{\partial r} + \dfrac{1}{r^2} \dfrac{\partial^2}{\partial \theta^2} + \dfrac{\partial^2}{\partial z^2} \right) \overline{\varphi}_f + k_f^2 \overline{\varphi}_f = 0 \\[4mm] \left(\dfrac{\partial^2}{\partial r^2} + \dfrac{1}{r} \dfrac{\partial}{\partial r} + \dfrac{1}{r^2} \dfrac{\partial^2}{\partial \theta^2} + \dfrac{\partial^2}{\partial z^2} \right) \overline{\varphi}_s + k_s^2 \overline{\varphi}_s = 0 \\[4mm] \left(\dfrac{\partial^2}{\partial r^2} + \dfrac{1}{r} \dfrac{\partial}{\partial r} + \dfrac{1}{r^2} \dfrac{\partial^2}{\partial \theta^2} + \dfrac{\partial^2}{\partial z^2} \right) \overline{\chi} + k_t^2 \overline{\chi} = 0 \\[4mm] \left(\dfrac{\partial^2}{\partial r^2} + \dfrac{1}{r} \dfrac{\partial}{\partial r} + \dfrac{1}{r^2} \dfrac{\partial^2}{\partial \theta^2} + \dfrac{\partial^2}{\partial z^2} \right) \overline{\eta} + k_t^2 \overline{\eta} = 0 \end{cases} \quad (4\text{-}11)$$

柱坐标下位移可用势函数表示为：

$$
\begin{cases}
\bar{u}_r = \dfrac{\partial \bar{\varphi}_f}{\partial r} + \dfrac{\partial \bar{\varphi}_s}{\partial r} + \dfrac{1}{r}\dfrac{\partial \bar{\chi}}{\partial \theta} + \dfrac{\partial^2 \bar{\eta}}{\partial r \partial z} \\[3mm]
\bar{u}_\theta = \dfrac{1}{r}\dfrac{\partial \bar{\varphi}_f}{\partial \theta} + \dfrac{1}{r}\dfrac{\partial \bar{\varphi}_s}{\partial \theta} - \dfrac{\partial \bar{\chi}}{\partial r} + \dfrac{1}{r}\dfrac{\partial^2 \bar{\eta}}{\partial \theta \partial z} \\[3mm]
\bar{u}_z = \dfrac{\partial \bar{\varphi}_f}{\partial z} + \dfrac{\partial \bar{\varphi}_s}{\partial z} - \dfrac{1}{r}\left(r\dfrac{\partial \bar{\eta}}{\partial r} \right) - \dfrac{1}{r^2}\dfrac{\partial^2 \bar{\eta}}{\partial \theta^2} \\[3mm]
\bar{w}_r = \dfrac{1}{\beta_1}\dfrac{\partial \bar{p}_f}{\partial r} - \dfrac{\rho_f \omega^2}{\beta_1}\bar{u}_r \\[3mm]
\bar{w}_\theta = \dfrac{1}{\beta_1 r}\dfrac{\partial \bar{p}_f}{\partial \theta} - \dfrac{\rho_f \omega^2}{\beta_1}\bar{u}_\theta \\[3mm]
\bar{w}_z = \dfrac{1}{\beta_1}\dfrac{\partial \bar{p}_f}{\partial z} - \dfrac{\rho_f \omega^2}{\beta_1}\bar{u}_z
\end{cases}
\tag{4-12}
$$

孔压由式（2-2）给出，应力由式（2-1）给出。对于作用于半空间内部的任意力，势函数、位移、应力和孔压可展成如下的级数形式[112]：

$$
\begin{cases}
\bar{\varphi}_f(r,\theta,z,\omega) = \displaystyle\sum_{m=0}^{\infty} \bar{\varphi}_{fm}(r,z,\omega)\cos(m\theta) \\[3mm]
\bar{\varphi}_s(r,\theta,z,\omega) = \displaystyle\sum_{m=0}^{\infty} \bar{\varphi}_{sm}(r,z,\omega)\cos(m\theta) \\[3mm]
\bar{\chi}(r,\theta,z,\omega) = \displaystyle\sum_{m=0}^{\infty} \bar{\chi}_m(r,z,\omega)\sin(m\theta) \\[3mm]
\bar{\eta}(r,\theta,z,\omega) = \displaystyle\sum_{m=0}^{\infty} \bar{\eta}_m(r,z,\omega)\cos(m\theta)
\end{cases}
\tag{4-13}
$$

$$
\begin{cases}
\bar{u}_r(r,\theta,z,\omega) = \displaystyle\sum_{m=0}^{\infty} \bar{u}_{rm}(r,z,\omega)\cos(m\theta) \\[3mm]
\bar{u}_\theta(r,\theta,z,\omega) = \displaystyle\sum_{m=0}^{\infty} \bar{u}_{\theta m}(r,z,\omega)\sin(m\theta) \\[3mm]
\bar{u}_z(r,\theta,z,\omega) = \displaystyle\sum_{m=0}^{\infty} \bar{u}_{zm}(r,z,\omega)\cos(m\theta)
\end{cases}
\tag{4-14a}
$$

$$
\bar{p}_f(r,\theta,z,\omega) = \sum_{m=0}^{\infty} \bar{p}_{fm}(r,z,\omega)\cos(m\theta)
\tag{4-14b}
$$

$$\begin{cases}
\overline{\sigma}_{zz}(r,\theta,z,\omega) = \sum_{m=0}^{\infty} \overline{\sigma}_{zzm}(r,z,\omega)\cos(m\theta) \\[2mm]
\overline{\sigma}_{zr}(r,\theta,z,\omega) = \sum_{m=0}^{\infty} \overline{\sigma}_{zrm}(r,z,\omega)\cos(m\theta) \\[2mm]
\overline{\sigma}_{z\theta}(r,\theta,z,\omega) = \sum_{m=0}^{\infty} \overline{\sigma}_{z\theta m}(r,z,\omega)\sin(m\theta) \\[2mm]
\overline{\sigma}_{rr}(r,\theta,z,\omega) = \sum_{m=0}^{\infty} \overline{\sigma}_{rrm}(r,z,\omega)\cos(m\theta) \\[2mm]
\overline{\sigma}_{\theta\theta}(r,\theta,z,\omega) = \sum_{m=0}^{\infty} \overline{\sigma}_{\theta\theta m}(r,z,\omega)\cos(m\theta)
\end{cases} \tag{4-14c}$$

式中　m——级数的阶数。

把式（4-14）中的 m 阶势函数 $\overline{\varphi}_f$、$\overline{\varphi}_s$、$\overline{\chi}$、$\overline{\eta}$ 代入式（4-1），对柱坐标半径 r 进行 m 阶亨克尔变换，得到（$\xi-\omega$）域内的势函数 $\widetilde{\overline{\varphi}}_{fm}$、$\widetilde{\overline{\varphi}}_{sm}$、$\widetilde{\overline{\chi}}_m$、$\widetilde{\overline{\eta}}_m$：

$$\widetilde{\overline{\varphi}}_{fm}^{(m)} = \widetilde{\overline{\varphi}}_{fm}^{(m)}(\xi,z,\omega) = A_m(\xi,\omega)\mathrm{e}^{\gamma_f z} + B_m(\xi,\omega)\mathrm{e}^{-\gamma_f z} \tag{4-15}$$

$$\widetilde{\overline{\varphi}}_{sm}^{(m)} = \widetilde{\overline{\varphi}}_{sm}^{(m)}(\xi,z,\omega) = C_m(\xi,\omega)\mathrm{e}^{\gamma_s z} + D_m(\xi,\omega)\mathrm{e}^{-\gamma_s z} \tag{4-16}$$

$$\widetilde{\overline{\chi}}_m^{(m)} = \widetilde{\overline{\chi}}_m^{(m)}(\xi,z,\omega) = E_m(\xi,\omega)\mathrm{e}^{\gamma_t z} + F_m(\xi,\omega)\mathrm{e}^{-\gamma_t z} \tag{4-17}$$

$$\widetilde{\overline{\eta}}_m^{(m)} = \widetilde{\overline{\eta}}_m^{(m)}(\xi,z,\omega) = G_m(\xi,\omega)\mathrm{e}^{\gamma_t z} + H_m(\xi,\omega)\mathrm{e}^{-\gamma_t z} \tag{4-18}$$

式中　　　　上标 -，上标 ~ ——分别为 $t\rightarrow\omega$ 的傅里叶变换和 $r\rightarrow\xi$ 的亨克尔变换；

　　　　　　上标 m——m 阶亨克尔变换；

　　　　　　ξ——水平波数；

$A_m(\xi,\omega),B_m(\xi,\omega),\cdots,H_m(\xi,\omega)$——由边界条件和连续性条件确定的任意常数；

　　　　　　γ_a——γ_a 的实部为非负（$a=f,s,t$），且：

$$\gamma_f = \sqrt{\xi^2 - k_f^2}$$

$$\gamma_s = \sqrt{\xi^2 - k_s^2}$$

$$\gamma_t = \sqrt{\xi^2 - k_t^2}$$

半空间饱和土内部作用水平圆形荷载时，级数展开式（4-14）中，仅有 $m=$

1 一项，其他项为零。考虑 $m = 1$，可得上述情况势函数的通解。对式（4-2）进行亨克尔变换，则（$\xi - \omega$）域内的位移、应力和孔压有如下形式：

$$\tilde{u}_r^{(2)} + \tilde{u}_\theta^{(2)} = -\xi\, \tilde{\bar{\varphi}}_s^{(1)} - \xi\, \tilde{\bar{\varphi}}_f^{(1)} + \xi\, \tilde{\bar{\chi}}^{(1)} - \xi\, \frac{\mathrm{d}\,\tilde{\bar{\eta}}^{(1)}}{\mathrm{d}z} \tag{4-19}$$

$$\tilde{u}_r^{(0)} - \tilde{u}_\theta^{(0)} = \xi\, \tilde{\bar{\varphi}}_s^{(1)} + \xi\, \tilde{\bar{\varphi}}_f^{(1)} + \xi\, \tilde{\bar{\chi}}^{(1)} + \xi\, \frac{\mathrm{d}\,\tilde{\bar{\eta}}^{(1)}}{\mathrm{d}z} \tag{4-20}$$

$$\tilde{u}_z^{(1)} = \frac{\mathrm{d}\,\tilde{\bar{\varphi}}_s^{(1)}}{\mathrm{d}z} + \frac{\mathrm{d}\,\tilde{\bar{\varphi}}_f^{(1)}}{\mathrm{d}z} + \xi^2\, \tilde{\bar{\eta}}^{(1)} \tag{4-21}$$

$$\tilde{\bar{p}}_f^{(1)} = -A_f k_f^2\, \tilde{\bar{\varphi}}_f^{(1)} - A_s k_s^2\, \tilde{\bar{\varphi}}_s^{(1)} \tag{4-22}$$

$$\tilde{\bar{\sigma}}_{zz}^{(1)} = 2\mu\, \frac{\mathrm{d}\,\tilde{\bar{u}}_z^{(1)}}{\mathrm{d}z} + \lambda \left[\left(\frac{\mathrm{d}^2\,\tilde{\bar{\varphi}}_f^{(1)}}{\mathrm{d}z^2} - \xi^2\, \tilde{\bar{\varphi}}_f^{(1)} \right) + \left(\frac{\mathrm{d}^2\,\tilde{\bar{\varphi}}_s^{(1)}}{\mathrm{d}z^2} - \xi^2\, \tilde{\bar{\varphi}}_s^{(1)} \right) \right] - \alpha\, \tilde{\bar{p}}_f^{(1)}$$

$$\tag{4-23}$$

$$\tilde{\bar{\sigma}}_{zr}^{(2)} + \tilde{\bar{\sigma}}_{z\theta}^{(2)} = \mu \left(\frac{\mathrm{d}\,\tilde{\bar{u}}_r^{(2)}}{\mathrm{d}z} + \frac{\mathrm{d}\,\tilde{\bar{u}}_\theta^{(2)}}{\mathrm{d}z} \right) - \mu\xi\, \tilde{\bar{u}}_z^{(1)} \tag{4-24}$$

$$\tilde{\bar{\sigma}}_{zr}^{(0)} - \tilde{\bar{\sigma}}_{z\theta}^{(0)} = \mu \left(\frac{\mathrm{d}\,\tilde{\bar{u}}_r^{(0)}}{\mathrm{d}z} - \frac{\mathrm{d}\,\tilde{\bar{u}}_\theta^{(0)}}{\mathrm{d}z} \right) + \mu\xi\, \tilde{\bar{u}}_z^{(1)} \tag{4-25}$$

式中　上标 0，1，2——亨克尔变换的阶数。

对于半空间饱和土内部作用垂直圆形荷载的情况，D_1 域内有六个任意常数，D_2 域满足正则条件，因而仅有三个任意常数。当表面透水和表面不透水时，在自由表面处（$z = 0$）分别有如下的边界条件：

$$\tilde{\bar{\sigma}}_{zz}^{(0)}(\xi, 0, \omega) = 0, \quad \tilde{\bar{\sigma}}_{zr}^{(1)}(\xi, 0, \omega) = 0,$$

$$\tag{4-26}$$

$$\tilde{\bar{p}}_f^{(0)}(\xi, 0, \omega) = 0 \quad （表面透水）$$

$$\tilde{\bar{\sigma}}_{zz}^{(0)}(\xi, 0, \omega) = 0, \quad \tilde{\bar{\sigma}}_{zr}^{(1)}(\xi, 0, \omega) = 0,$$

$$\tag{4-27}$$

$$\tilde{\bar{w}}_z^{(0)}(\xi, 0, \omega) = 0 \quad （表面不透水）$$

在荷载作用面处（$z = h$）有如下的连续性条件：

$$\begin{cases} \tilde{\bar{u}}_r^{(1)}(\xi,h^-,\omega) = \tilde{\bar{u}}_r^{(1)}(\xi,h^+,\omega) \\[2mm] \tilde{\bar{u}}_z^{(0)}(\xi,h^-,\omega) = \tilde{\bar{u}}_z^{(0)}(\xi,h^+,\omega) \\[2mm] \tilde{\bar{w}}_z^{(0)}(\xi,h^-,\omega) = \tilde{\bar{w}}_z^{(0)}(\xi,h^+,\omega) \\[2mm] \tilde{\bar{p}}_f^{(0)}(\xi,h^-,\omega) = \tilde{\bar{p}}_f^{(0)}(\xi,h^+,\omega) \\[2mm] \tilde{\bar{\sigma}}_{zz}^{(0)}(\xi,h^+,\omega) - \tilde{\bar{\sigma}}_{zz}^{(0)}(\xi,h^-,\omega) = -\dfrac{J_1(R\xi)}{\pi R\xi} \\[3mm] \tilde{\bar{\sigma}}_{zr}^{(1)}(\xi,h^+,\omega) = \tilde{\bar{\sigma}}_{zr}^{(1)}(\xi,h^-,\omega) \end{cases} \tag{4-28}$$

式中 h^+, h^-——变量分别从 D_2 域和 D_1 域无限靠近荷载作用面。

利用位移、应力、孔压的势函数的表达式和饱和半空间的边界条件及连续性条件，可得关于上述九个任意常数的线性方程组，求解该线性方程组即得九个任意常数的解。

对于半空间饱和土内部作用水平圆形荷载的情况，D_1 域内有八个任意常数，D_2 域满足正则条件，则仅有四个任意常数。当表面透水和表面不透水时，在自由表面处（$z=0$）分别有如下的边界条件：

$$\begin{cases} \tilde{\bar{\sigma}}_{zz}^{(1)}(\xi,0,\omega) = 0 \\[2mm] \tilde{\bar{\sigma}}_{zr}^{(2)}(\xi,0,\omega) + \tilde{\bar{\sigma}}_{z\theta}^{(2)}(\xi,0,\omega) = 0 \\[2mm] \tilde{\bar{\sigma}}_{zr}^{(0)}(\xi,0,\omega) - \tilde{\bar{\sigma}}_{z\theta}^{(0)}(\xi,0,\omega) = 0 \\[2mm] \tilde{\bar{p}}_f^{(1)}(\xi,0,\omega) = 0\,(\text{表面透水}) \end{cases} \tag{4-29}$$

$$\begin{cases} \tilde{\bar{\sigma}}_{zz}^{(1)}(\xi,0,\omega) = 0 \\[2mm] \tilde{\bar{\sigma}}_{zr}^{(2)}(\xi,0,\omega) + \tilde{\bar{\sigma}}_{z\theta}^{(2)}(\xi,0,\omega) = 0 \\[2mm] \tilde{\bar{\sigma}}_{zr}^{(0)}(\xi,0,\omega) - \tilde{\bar{\sigma}}_{z\theta}^{(0)}(\xi,0,\omega) = 0 \\[2mm] \tilde{\bar{w}}_z^{(1)}(\xi,0,\omega) = 0\,(\text{表面不透水}) \end{cases} \tag{4-30}$$

在荷载作用面处（$z=h$）有如下的连续性条件：

$$
\left\{
\begin{aligned}
&\tilde{\tilde{u}}_r^{(2)}(\xi, h^-, \omega) + \tilde{\tilde{u}}_\theta^{(2)}(\xi, h^-, \omega) = \tilde{\tilde{u}}_r^{(2)}(\xi, h^+, \omega) + \tilde{\tilde{u}}_\theta^{(2)}(\xi, h^+, \omega) \\[2mm]
&\tilde{\tilde{u}}_r^{(0)}(\xi, h^-, \omega) - \tilde{\tilde{u}}_\theta^{(0)}(\xi, h^-, \omega) = \tilde{\tilde{u}}_r^{(0)}(\xi, h^+, \omega) - \tilde{\tilde{u}}_\theta^{(0)}(\xi, h^+, \omega) \\[2mm]
&\tilde{\tilde{u}}_z^{(1)}(\xi, h^-, \omega) = \tilde{\tilde{u}}_z^{(1)}(\xi, h^+, \omega) \\[2mm]
&\tilde{\tilde{w}}_z^{(1)}(\xi, h^-, \omega) = \tilde{\tilde{w}}_z^{(1)}(\xi, h^+, \omega) \\[2mm]
&\tilde{\tilde{p}}_f^{(1)}(\xi, h^-, \omega) = \tilde{\tilde{p}}_f^{(1)}(\xi, h^+, \omega) \\[2mm]
&\tilde{\tilde{\sigma}}_{zz}^{(1)}(\xi, h^-, \omega) = \tilde{\tilde{\sigma}}_{zz}^{(1)}(\xi, h^+, \omega) \\[2mm]
&\left[\tilde{\tilde{\sigma}}_{zr}^{(2)}(\xi, h^-, \omega) + \tilde{\tilde{\sigma}}_{z\theta}^{(2)}(\xi, h^-, \omega)\right] = \left[\tilde{\tilde{\sigma}}_{zr}^{(2)}(\xi, h^+, \omega) + \tilde{\tilde{\sigma}}_{z\theta}^{(2)}(\xi, h^+, \omega)\right] \\[2mm]
&\left[\tilde{\tilde{\sigma}}_{zr}^{(0)}(\xi, h^+, \omega) - \tilde{\tilde{\sigma}}_{z\theta}^{(0)}(\xi, h^+, \omega)\right] - \left[\tilde{\tilde{\sigma}}_{zr}^{(0)}(\xi, h^-, \omega) - \tilde{\tilde{\sigma}}_{z\theta}^{(0)}(\xi, h^-, \omega)\right] = -\dfrac{2J_1(R\xi)}{\pi R\xi}
\end{aligned}
\right.
\tag{4-31}
$$

利用上述推导出的轴对称极坐标系下 Biot 理论控制方程的相应基本解中位移、应力、孔压的表达式，以及边值条件，可得关于十二个任意常数的线性方程组，运用 Mathematica 软件求解上述线性方程组可得任意常数的表达式。由于其表达式较复杂，这里不再列出。

计算出任意常数后，代入轴对称情况内部荷载作用下饱和土体基本解中，即得变换域内位移、应力和孔压，再对其进行亨克尔数值逆变换即可得到频域内位移、应力、孔压等的基本解。

4.1.3 瑞利波场下饱和土体-排桩体系的第二类 Fredholm 积分方程

瑞利波场下饱和土体-排桩体系受力计算模型如图 4-2 所示，多排桩埋入饱和土体中作为对瑞利波场散射的隔振屏障。计算分析排桩体系中，每根桩有相同的圆形截面，直径 d，长 L 的单桩 ($d/L \ll 1$)，桩总数为：$m = \sum\limits_{k=1}^{K} n_k$，其中 K、n_k 分别为排桩的排数、第 k 排的桩数。相邻两根桩的距离为 d_s，相邻两排桩距离为 d_r。简谐瞬态的瑞利波场在排桩一侧，频率为 ω。

当桩-土体系受到瑞利波场能量产生振动时，桩一般会发生竖向、水平方向振动。考虑到桩-土系统中水平方向的振动较竖直方向振动小，且工程中较为关心竖直方向振动幅度大小，因此，文中只讨论了桩-土系统竖直方向的振动隔振情况。据文献 Halpern 和 Christiano[110] 报道，在低频竖向荷载作用下，考虑饱和土体中桩的透水和不透水性对桩的竖向变形几乎没有多大的影响。因此不严格考虑桩土接触界面的透水性对于计算来说是合理的。

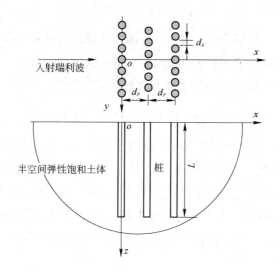

图4-2 饱和土体中多排桩对沿 x 轴方向的瑞利波的隔振示意图

采用 Muki 和 Sternberg[56,57] 及 Pak 和 Jennings[109] 的方法，弹性波作用下的桩土动力问题可分为虚拟桩和半空间扩展饱和土两个部分，如图4-3 所示。扩展的半空间饱和土体满足 Biot 理论方程，而虚拟桩可视为一维弹性杆的振动进行计算。

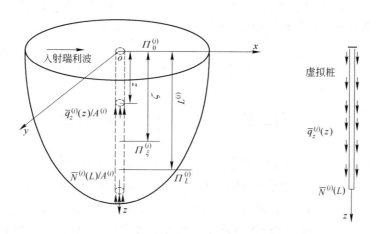

图4-3 瑞利波场下饱和土体-桩体系的分解

为了说明问题的方便，只推导第 i 根虚拟桩与饱和土体受竖向变形控制的第二类 Fredholm 积分方程建立过程。由文献[56，57]可知，第 i 根虚拟桩的弹性模量 $E_{p*}^{(i)}$ 和密度 $\rho_{p*}^{(i)}$：

$$E_{p*}^{(i)} = E_p^{(i)} - E_s \qquad (4\text{-}32a)$$

$$\rho_{p*}^{(i)} = \rho_p^{(i)} - \rho, \; i = 1,2,\cdots,m \tag{4-32b}$$

式中 $E_{p*}^{(i)}, \rho_{p*}^{(i)}$ ——分别为第 i 根虚拟桩的弹性杨氏模量和密度;

$E_p^{(i)}, \rho_p^{(i)}$ ——分别为第 i 根桩的弹性杨氏模量和密度;

E_s, ρ ——分别为饱和土体的弹性模量和密度,且:

$$E_s = \mu(3\lambda + 2\mu)/(\lambda + \mu)$$

如图 4-3 所示,记第 i 根虚拟桩的轴力为 $\overline{N}_*^{(i)}(z)$,桩侧沿桩身分布的竖向荷载为 $\overline{q}_z^{(i)}(z)$。桩顶端、底部所受荷载分别为 $\overline{N}_*^{(i)}(0)$、$\overline{N}_*^{(i)}(L)$。扩展饱和半空间土所受荷载为: $\overline{q}_z^{(i)}(z)/A^{(i)}$; $\overline{N}_*^{(i)}(0)/A^{(i)}$、$\overline{N}_*^{(i)}(L)/A^{(i)}$ 为第 i 根桩顶、底部所对应的圆形区域 $\Pi_0^{(i)}$、$\Pi_L^{(i)}$ 上的均布荷载。$A^{(i)}$ 是第 i 根桩的横截面积。

对第 i 根虚拟桩,竖向位移 $\overline{u}_{zp*}^{(i)}(z)$,竖向分布力 $\overline{q}_z^{(i)}(z)$ 和轴力 $\overline{N}_*^{(i)}(z)$ 满足下列关系:

$$\overline{q}_z^{(i)}(z) = -\frac{\mathrm{d}\overline{N}_*^{(i)}(z)}{\mathrm{d}z} + \rho_{p*}^{(i)}A^{(i)}\omega^2\overline{u}_{zp*}^{(i)}(z) \tag{4-33}$$

$$\overline{u}_{zp*}^{(i)}(z) = \overline{u}_{zp*}^{(i)}(0) + \frac{1}{E_{p*}^{(i)}A^{(i)}}\int_0^z \overline{N}_*^{(i)}(\eta)\,\mathrm{d}\eta \tag{4-34}$$

第 i 根虚拟桩位置处的,沿 z 轴方向扩展半空间饱和土的竖向应变为两个部分叠加:自由波场和虚拟桩-土之间接触反力的作用结果:

$$\overline{\varepsilon}_{zs}^{(i)}(z) = \overline{\varepsilon}_{zf}^{(i)}(z) + \sum_{j=1}^m \big[\, \overline{N}_*^{(j)}(0)\overline{\varepsilon}_{zz}^{(G)}(r_{ij},0,z) -$$

$$\overline{N}_*^{(j)}(L)\overline{\varepsilon}_{zz}^{(G)}(r_{ij},L,z) - \int_0^{L_j} \overline{q}_z^{(j)}(\zeta)\overline{\varepsilon}_{zz}^{(G)}(r_{ij},\zeta,z)\,\mathrm{d}\zeta \,\big] \tag{4-35}$$

式中 $\overline{\varepsilon}_{zf}^{(i)}(z)$ ——饱和土体中简谐瞬态的瑞利波场的自由波场;

$\overline{\varepsilon}_{zz}^{(G)}(r_{ij},\zeta,z)$ ——竖向均布的圆形荷载作用在第 j 根虚拟桩所在位置处区域 $\Pi_\zeta^{(j)}$ 引起的第 i 根虚拟桩所在位置处圆形区域 $\Pi_z^{(i)}$ 的竖向应变,如图 4-3 所示,其表达式可由极坐标系下的饱和土体内部受简谐荷载作用下的基本解得到;

r_{ij} ——第 i 根桩与第 j 根桩之间的水平距离,当 $i=j$ 时,$r_{ij}=0$。

对于桩-土体的接触面协调条件为:沿桩轴向即 z 轴的方向任意位置处第 i 根虚拟桩的竖向应变和扩展半空间饱和土同一位置处的竖向应变相等,即:

$$\overline{\varepsilon}_{zp*}^{(i)}(z) = \overline{\varepsilon}_{zs}^{(i)}(z), \quad 0 \leqslant z \leqslant L, \; i = 1,2,\cdots,m \tag{4-36}$$

式中 $\bar{\varepsilon}_{zp*}^{(i)}(z)$ ——第 i 根虚拟桩的竖向应变。

由式(4-33)~式(4-36)可得：

$$\bar{\varepsilon}_{zs}^{(i)}(z) = \bar{\varepsilon}_{zf}^{(i)}(z) - \bar{N}_*^{(i)}(z)\left[\bar{\varepsilon}_{zz}^{(G)}(r_{ii},z^+,z) - \bar{\varepsilon}_{zz}^{(G)}(r_{ii},z^-,z)\right] - $$

$$\int_0^{L_i}\bar{N}_*^{(i)}(z)\frac{\partial\bar{\varepsilon}_{zz}^{(G)}(r_{ii},\zeta,z)}{\partial\zeta}\mathrm{d}\zeta + \rho_{p*}^{(i)}A^{(i)}\omega^2\int_0^{L_i}\bar{u}_{zp*}^{(i)}(\zeta)\bar{\varepsilon}_{zz}^{(G)}(r_{ii},\zeta,z)\mathrm{d}\zeta + $$

$$\sum_{j=1}^{m(j\neq i)}\left[-\int_0^{L_j}\bar{N}_*^{(j)}(\zeta)\frac{\partial\bar{\varepsilon}_{zz}^{(G)}(r_{ji},\zeta,z)}{\partial\zeta}\mathrm{d}\zeta + \right.$$

$$\left.\rho_{p*}^{(j)}A^{(j)}\omega^2\int_0^{L_j}\bar{u}_{zp*}^{(j)}(\zeta)\bar{\varepsilon}_{zz}^{(G)}(r_{ji},\zeta,z)\mathrm{d}\zeta\right] \tag{4-37}$$

式中 $\bar{\varepsilon}_{zz}^{(G)}(r_{ii},z^-,z)$，$\bar{\varepsilon}_{zz}^{(G)}(r_{ii},z^+,z)$ ——分别为作用在圆形区域 $\Pi_\xi^{(i)}$ 的竖向均布荷载从上、下部无限趋近于 $\Pi_z^{(i)}$ 处的竖向应变，其表达式可由极坐标系下的饱和土体内部受简谐荷载作用下的基本解得到。值得注意的是 $\bar{\varepsilon}_{zz}^{(G)}(r_{ii},z^-,z)$、$\bar{\varepsilon}_{zz}^{(G)}(r_{ii},z^+,z)$ 与 z 坐标有关，而 $\bar{\varepsilon}_{zz}^{(G)}(r_{ii},z^+,z) - \bar{\varepsilon}_{zz}^{(G)}(r_{ii},z^-,z)$ 与 z 坐标无关：

$$\bar{\varepsilon}_{zz}^{(G)}(r_{ii},z^+,z) - \bar{\varepsilon}_{zz}^{(G)}(r_{ii},z^-,z) = \frac{1}{(\lambda+2\mu)A^{(i)}} \tag{4-38}$$

由式(4-33)~式(4-38)可得，第 i 根桩-饱和土体相互作用的第二类 Fredholm 积分方程：

$$\frac{\bar{N}_*^{(i)}(z)}{E_{p*}^{(i)}A^{(i)}} + \bar{N}_*^{(i)}(z)\left[\bar{\varepsilon}_{zs}(r_{ii},z^+,z) - \bar{\varepsilon}_{zs}(r_{ii},z^-,z)\right] + $$

$$\sum_{j=1}^{m}\left[\int_0^{L_j}\bar{N}_*^{(j)}(\zeta)\frac{\partial\bar{\varepsilon}_{zs}(r_{ji},\zeta,z)}{\partial\zeta}\mathrm{d}\zeta - \int_0^{L_j}\bar{N}_*^{(j)}(\zeta)\bar{\chi}_{ji}^{(a)}(\zeta,z)\mathrm{d}\zeta - \right.$$

$$\left.\bar{u}_{zp*}^{(j)}(0)\bar{\chi}_{ji}^{(b)}(z)\right] = \bar{\varepsilon}_{zf}^{(i)}(z) \tag{4-39}$$

其中

$$\bar{\chi}_{ji}^{(a)}(\zeta,z) = (\rho_{p*}^{(j)}\omega^2/E_{p*}^{(j)})\int_\zeta^{L_j}\bar{\varepsilon}_z^{(G)}(r_{ji},\eta,z)\mathrm{d}\eta \tag{4-40}$$

$$\bar{\chi}_{ji}^{(b)}(z) = \rho_{p*}^{(j)}A^{(j)}\omega^2\int_0^{L_j}\bar{\varepsilon}_{zs}(r_{ji},\eta,z)\mathrm{d}\eta \tag{4-41}$$

利用相同的方法，可得到第 i 根桩顶位置处扩展层中饱和土体的竖向位移：

$$\bar{u}_{zs}^{(i)}(0) = \bar{u}_{zf}^{(i)}(0) + \sum_{j=1}^{m}\left[-\int_{0}^{L_j}\overline{N}_{*}^{(j)}(\zeta)\frac{\partial\overline{U}_{zz}^{(G)}(r_{ji},\zeta,0)}{\partial\zeta}\mathrm{d}\zeta + \right.$$

$$\left. \rho_{p*}^{(j)}A^{(j)}\omega^2\int_{0}^{L_j}\bar{u}_{zp*}^{(j)}(\zeta)\overline{U}_{zz}^{(G)}(r_{ji},\zeta,0)\mathrm{d}\zeta\right] \tag{4-42}$$

式中　$\bar{u}_{zf}^{(i)}(0)$ ——由瑞利波场引起的第 i 根桩顶位置处扩展层中饱和土体的竖向位移，具体表达式可见本章 4.1.1 节；

$\overline{U}_{zz}^{(G)}(r_{ji},\zeta,0)$ ——竖向均布的圆形荷载作用在第 j 根虚拟桩所在位置处区域 $\Pi_{\xi}^{(j)}$ 引起的第 i 根虚拟桩所在位置处圆形区域 $\Pi_{z}^{(i)}$ 的竖向位移，如图 4-3 所示，其表达式可由极坐标系下的饱和土体内部受简谐荷载作用下的基本解得到。

式 (4-39) 中，桩顶的竖向位移 $\bar{u}_{zp*}^{(i)}(0)$ 是未知的，可根据桩顶处的位移与扩展饱和土体表面处的位移相等作为补充方程求得，即：

$$\bar{u}_{zs*}^{(i)}(0) = \bar{u}_{zp*}^{(i)}(0) \tag{4-43}$$

则 $\bar{u}_{zp*}^{(i)}(0)$ 为：

$$\sum_{j=1}^{m}\left[-\int_{0}^{L_j}\overline{N}_{*}^{(j)}(\zeta)\frac{\partial\overline{U}_{zz}^{(G)}(r_{ij},\zeta,0)}{\partial\zeta}\right]\mathrm{d}\zeta + \sum_{j=1}^{m}\int_{0}^{L_j}\overline{N}_{*}^{(j)}(\zeta)\bar{\chi}_{ij}^{(c)}(\zeta,z)\mathrm{d}\zeta +$$

$$\sum_{j=1}^{m}\bar{u}_{zp*}^{(j)}(0)\left[\bar{\chi}_{ij}^{(d)}(z) - \delta_{ij}\right] = -\bar{u}_{zf}^{(i)}(0), i = 1,2,\cdots,m \tag{4-44}$$

其中　　　　　$\bar{\chi}_{ij}^{(c)}(\zeta,z) = \frac{\rho_{p*}^{(j)}\omega^2}{E_{p*}^{(j)}}\int_{\zeta}^{L_j}\overline{U}_{zz}^{(G)}(r_{ij},\eta,z)\mathrm{d}\eta$

$$\bar{\chi}_{ij}^{(d)}(z) = \rho_{p*}^{(j)}A^{(j)}\omega^2\int_{0}^{L_j}\overline{U}_{zz}^{(G)}(r_{ij},\eta,z)\mathrm{d}\eta \tag{4-45}$$

4.1.4　幅值减小比的定义

为评价排桩的隔振效果，定义幅值减小比 A_r 为：饱和土体中简谐瞬态的瑞利波场作用下，有排桩和无排桩时的饱和土体表面上任意一点的竖向位移振幅比，即：

$$A_r(\boldsymbol{x}_\perp) = \frac{|\overline{u}_{zs}(\boldsymbol{x}_\perp, z = 0)|}{|\overline{u}_{zf}(\boldsymbol{x}_\perp, z = 0)|} \tag{4-46}$$

式中　$|\overline{u}_{zs}(\boldsymbol{x}_\perp, z = 0)|$——有排桩时的饱和土体表面上观测点的竖向振幅，
　　　　　　　　　　　　$\boldsymbol{x}_\perp = x\boldsymbol{i} + y\boldsymbol{j}$；

　　　　$|\overline{u}_{zf}(\boldsymbol{x}_\perp, z = 0)|$——无排桩时的饱和土体表面上观测点的竖向振幅，其
　　　　　　　　　　　　大小为饱和土体中简谐瞬态的瑞利波场作用下自由
　　　　　　　　　　　　波场解。

按照上述相同的推导过程，有排桩时的饱和土体表面上观测点的竖向振幅
$\overline{u}_{zs}(\boldsymbol{x}_\perp, z = 0)$ 为：

$$\overline{u}_{zs}(\boldsymbol{x}_\perp, 0) = \overline{u}_{zf}(\boldsymbol{x}_\perp, 0) + \sum_{j=1}^{m}\left[-\int_0^{L_j}\overline{N}_*^{(j)}(\zeta)\frac{\partial\overline{U}_{zz}^{(G)}(r_{\boldsymbol{x}_\perp j}, \zeta, 0)}{\partial\zeta}d\zeta + \right.$$

$$\left. \rho_{p*}^{(j)}A^{(j)}\omega^2\int_0^{L_j}\overline{u}_{zp*}^{(j)}(\zeta)\overline{U}_{zz}^{(G)}(r_{\boldsymbol{x}_\perp j}, \zeta, 0)d\zeta \right] \tag{4-47}$$

式中　$\overline{u}_{zf}(\boldsymbol{x}_\perp, 0)$——由瑞利波场引起的观测点的竖向振幅，具体表达式可见式
　　　　　　　　　　（4-7）；

　　　$\overline{U}_{zz}^{(G)}(r_{\boldsymbol{x}_\perp j}, \zeta, 0)$——竖向均布的圆形荷载作用在 $\Pi_\xi^{(j)}$ 处引起的观测点 $\boldsymbol{x}_\perp$ 的竖
　　　　　　　　　　向位移，如图 4-3 所示，其表达式可由极坐标系下的饱和
　　　　　　　　　　土体内部受简谐荷载作用下的基本解得到；

　　　　　　$r_{\boldsymbol{x}_\perp j}$——第 j 根桩顶与观测点 $\boldsymbol{x}_\perp$ 的距离。

Woods[74]建议用平均幅值减小比 A_{rv} 评价隔振效果：

$$A_{rv} = \frac{1}{A}\int_A A_r(\boldsymbol{x}_\perp, z = 0)dS(x_\perp, z = 0) \tag{4-48}$$

式中　A——由瑞利波长、排桩分布长所确定的横截面积。

本书中对于瑞利波长参照相同频率下弹性土体中的瑞利波长。如 $f = 50\text{Hz}$，
$\mu = 1.32\times10^8\text{N/m}^2$，$\lambda = 1.32\times10^8\text{N/m}^2$ 时，瑞利波长值约为 $\lambda_R = 5.0\text{m}$。

4.1.5　数值计算方法

在计算饱和土体内部受简谐荷载作用时的基本解，关于亨克尔逆变换数值计
算，对振荡积分采用分段计算，然后进行欧拉变换的方法，具体步骤可见第
2 章。

考虑排桩-土体系竖向应变相等条件的积分方程可由数值方法求解，积分
方程（4-39）及补充方程（4-44）具体求解过程可见文献[68，109]。为保

证积分方程解的稳定性和收敛性，根据文献[68，109]，积分方程（4-39）在积分区间划分的相邻两节点间长应该小于 1/3 的瑞利波长，才能够达到计算要求的精度。按照上述规则，积分方程（4-39）离散后可得到线性方程：

$$A(\omega)X(\omega) = b(\omega) \tag{4-49}$$

式中　$A(\omega)$——与基本解有关的系数矩阵；

　　　$X(\omega)$——积分方程中离散的未知项；

　　　$b(\omega)$——与自由波场有关的右端项。

4.1.6　数值验证与算例分析

4.1.6.1　数值验证

A　算例1——与已知文献结果比较

为验证本章提出方法的正确性，首先将本书的计算结果（退化到线弹性静力解）与 Mindlin 解[113]进行比较。从理论上讲，频域内的动力问题是当角频率趋于零时，其解将趋近于静力问题的解。另外，为把两相介质的动力问题退化到单相介质的静力问题，可令 $\rho_f = 0$、$\varphi = 0$，然后再令角频率趋于零。假设有一圆心在 z 轴上，半径为 R 的均布圆形荷载，作用在 $z = s$ 处，荷载集度 q_F，作用面积 A，合力 $P = q_F A$，其角频率为 ω。为了避免奇点对积分的影响，取土的 Lame 常数为复数，$\lambda = \lambda_0(1 + i\zeta)$，$\mu = \mu_0(1 + i\zeta)$，$\zeta = 0.03$。算例中取 $\lambda_0 = \mu_0 = 10^6 \mathrm{Pa}$，土密度 $\rho = 2600 \mathrm{kg/m^3}$，土的泊松比 $\nu = 0.25$，$R = 0.5\mathrm{m}$，无量纲角频率 $\alpha_0 = \omega d \sqrt{\rho/\mu_0} = 5.099 \times 10^{-4}$。计算分析中，荷载作用点 $s = 6R$，$z/s = (0.1 \sim 4.0)R$，计算结果如图 4-4 所示；其次，取荷载的作用点 $s = R$，$z/s = (6.0 \sim 10.0)R$，计算结果如图 4-5 所示。由图4-4和图4-5 可见，本书计算结果和已知的 Mindlin 解相吻合，从而验证了本书的基本解的正确性。

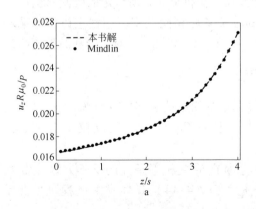

a

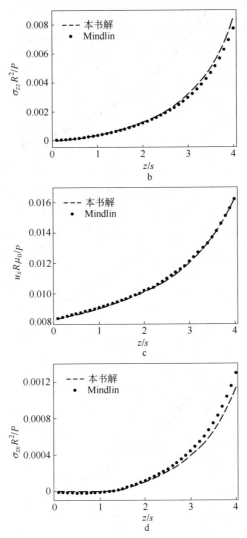

图4-4 计算点在荷载作用上方时本书结果与 Mindlin 解的比较
a—垂直位移；b—垂直应力；c—水平位移；d—水平应力

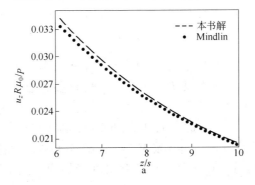

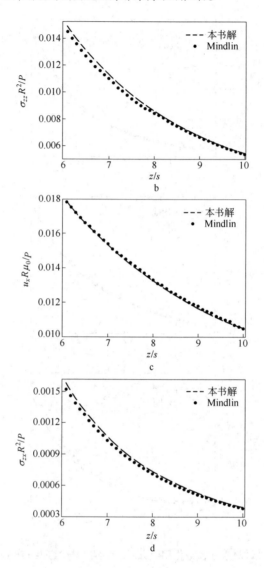

图 4-5 计算点在荷载作用下方时本文结果与 Mindlin 解的比较

a—垂直位移；b—垂直应力；c—水平位移；d—水平应力

B 算例 2

文献 [94] 分析了均质弹性土体中单排 8 根桩对瑞利波场的屏障隔振分析。计算中，对 K, $n_k (k=1)$ 值取为 $K=1$、$n_{k=1}=8$。桩参数为：$d=1.0\mathrm{m}$, $L=5.0\mathrm{m}$, $d_s=0.5\mathrm{m}$, $E_p=3.3 \times 10^{10}\mathrm{N/m}^2$, $\rho_p=2.4 \times 10^3\mathrm{kg/m}^3$。瑞利波频率 $f=50\mathrm{Hz}$，若饱和土体的参数 M、a_∞、α、b_p、ϕ、ρ_f 趋近于 0，则饱和土体的解退化为均质的弹性土体解。值得注意的是，当参数 M、a_∞、α、b_p、ϕ、ρ_f 趋近于 0，采用亨克尔逆变换求解基本解时，在积分路径上会出现奇异现象，难以得到积分解。对

此，有研究者[40]把弹性土体的 Lame 常量 λ、μ 用复数来表示，即考虑实际土体的凝滞性，弹性土体转化为黏弹性土体。采用 $\mu = \mu_0(1 + i\beta_s)$，$\lambda = \lambda_0(1 + i\beta_s)$，其中 β_s 表示土体的粘阻尼。在计算中，退化的饱和土体的参数为 $\mu_0 = 1.32 \times 10^8 \text{N/m}^2$，$\lambda_0 = 1.32 \times 10^8 \text{N/m}^2$，$\beta_s = 0.05$，$\rho_s = 2.0 \times 10^3 \text{kg/m}^3$。由文献［94］知，退化的饱和土体中瑞利波长值为 $\lambda_R = 5.0\text{m}$。

退化的饱和土体中单排 8 根桩对瑞利波场的屏障隔振后的竖向位移的振幅比等值线图如图 4-6 所示，图中是单排 8 根桩一侧的饱和土体表面的竖向位移的振幅比。根据计算，$A_{rv} = 0.698$，而文献［94］中 $A_{rv} = 0.712$。结果相差 1.96%，在计算误差范围内。

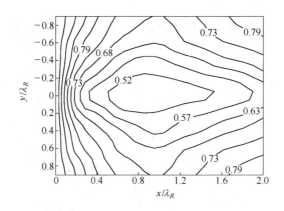

图 4-6　退化饱和土体中单排桩对 Rayleigh 波隔振后的
竖向位移的振幅比的等值线图

4.1.6.2　算例分析

A　饱和土体与弹性土体中排桩隔振效果比较

饱和土体参数为：$M = 1.0 \times 10^{11} \text{N/m}^2$，$\rho_f = 1.0 \times 10^3 \text{kg/m}^3$，$\phi = 0.4$，$\alpha = 0.97$，$b_p = 1.9 \times 10^7 \text{kg/(m}^3 \cdot \text{s})$，$a_\infty = 3.0$。饱和土体中相同单排 8 根桩对瑞利波场的屏障隔振后，单排桩一侧的饱和土体表面的竖向位移的振幅比等值线图如图 4-7 所示。根据计算，$A_{rv} = 0.662$。由此可知，相同的振源，相同的隔振体系，饱和土的隔振效果比弹性土体好。

弹性、饱和土体中单排 8 根桩对瑞利波场的屏障隔振后，竖向位移的振幅比 A_r 在区域 $0 \leqslant x/\lambda_R \leqslant 2$ 变化情况如图 4-8 所示，图中 $x = 0$ 表示沿 y 轴分布的排桩中心点（参见图 4-2）。从图 4-7、图 4-8 中可知，在排桩正后侧的大约一倍瑞利波长位置处，隔振效果明显比其他区域好。如当 $y/\lambda_R = 0$、$x/\lambda_R = 0.89$ 时，$A_r = 0.435$；当 $y/\lambda_R = 0$、$x/\lambda_R = 1.05$ 时，$A_r = 0.469$。

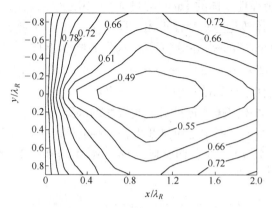

图 4-7   饱和土体中的单排桩对 Rayleigh 波隔振后的
竖向位移的振幅比的等值线图

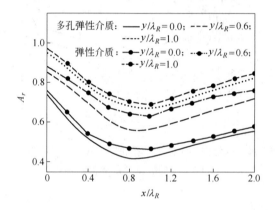

图 4-8   弹性、饱和土体中单排 8 根桩对 Rayleigh 波隔振后，
竖向位移的振幅比 A_r 在区域 $0 \leqslant x/\lambda_R \leqslant 2$ 的变化情况

B   单排桩的隔振效果研究

在本算例中，分析单排桩对瑞利波场的屏障隔振效果。沿 x 轴正方向入射的简谐瑞利波，$f = 50\mathrm{Hz}$，如图 4-2 所示。排桩的排数 $K = 1$，该排的桩数 $n_1 = 10$。饱和土体参数：$\mu = 1.32 \times 10^8\mathrm{N/m^2}$，$\lambda = 1.32 \times 10^8\mathrm{N/m^2}$，$M = 1.0 \times 10^{11}\mathrm{N/m^2}$，$\rho_s = 2.0 \times 10^3\mathrm{kg/m^3}$，$\phi = 0.4$，$\rho_f = 1.0 \times 10^3\mathrm{kg/m^3}$，$\alpha = 0.97$，$b_p = 1.9 \times 10^7$ $\mathrm{kg/(m^3 \cdot s)}$，$a_\infty = 3.0$。桩的参数：$d = 1.0\mathrm{m}$，$L = 10.0\mathrm{m}$，$E_p = 3.3 \times 10^{10}\mathrm{N/m^2}$，$\rho_p = 2.4 \times 10^3\mathrm{kg/m^3}$，桩间距 $d_s = 0.5\mathrm{m}$。

在以下的分析中，当一个参数发生变化时，其他参数保持不变。

a   Biot 参数 M 的影响

分析 Biot 参数 M 在单排桩对瑞利波场的屏障隔振效果的影响。算例中，Biot

参数 M 值分别取为：$M = 1.0 \times 10^9\,\text{Pa}$、$M = 1.0 \times 10^{11}\,\text{Pa}$、$M = 1.0 \times 10^{13}\,\text{Pa}$ 及 $M = 1.0 \times 10^{15}\,\text{Pa}$，饱和土体其他参数、振源、隔振排桩同本节开头算例。在 $M = 1.0 \times 10^9\,\text{Pa}$、$M = 1.0 \times 10^{11}\,\text{Pa}$、$M = 1.0 \times 10^{13}\,\text{Pa}$ 及 $M = 1.0 \times 10^{15}\,\text{Pa}$ 时，单排 10 根桩对瑞利波场的屏障隔振后，竖向位移的振幅比 A_r 在区域 $0 \leqslant x/\lambda_R \leqslant 2$，$y/\lambda_R = 0$ 的变化情况如图 4-9 所示。由本书的计算方法可知，不同的 Biot 参数 M 下，单排桩一侧的饱和土体表面的竖向位移的振幅比最小值不同，平均位移的振幅比 A_{rv} 也不同。当 $M = 1.0 \times 10^9\,\text{Pa}$ 时，$A_{rv} = 0.6112$，在 $x/\lambda_R = 0.72$ 处有位移的振幅比最小值 $A_r = 0.387$；当 $M = 1.0 \times 10^{11}\,\text{Pa}$ 时，$A_{rv} = 0.591$，在 $x/\lambda_R = 0.75$ 处有位移的振幅比最小值 $A_r = 0.355$；当 $M = 1.0 \times 10^{13}\,\text{Pa}$ 时，$A_{rv} = 0.584$，在 $x/\lambda_R = 0.89$ 处有位移的振幅比最小值 $A_r = 0.329$；当 $M = 1.0 \times 10^{15}\,\text{Pa}$ 时，$A_{rv} = 0.579$，在 $x/\lambda_R = 0.9$ 处有位移的振幅比最小值 $x/\lambda_R = 0.9$。由计算结果可知，随 Biot 参数 M 的增大，位移的振幅比最小值的位置更接近排桩后侧，而平均位移的振幅比 A_{rv} 随 Biot 参数 M 增大而减小，即随参数 M 增大，排桩的隔振效果有所提高。

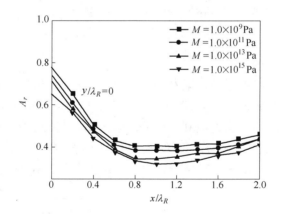

图 4-9　不同 Biot 参数 M 时，竖向位移的振幅比 A_r

在区域 $0 \leqslant x/\lambda_R \leqslant 2$，$y/\lambda_R = 0$ 的变化情况

b　桩土杨氏模量比的影响

排桩的杨氏模量 E_p 是桩基础设计的重要参照量。因此，考察排桩的杨氏模量 E_p 在单排桩对瑞利波场的屏障隔振效果的影响十分必要。在本例计算中，桩的杨氏模量 E_p 值分别取为：$E_p/E_s = 15$、$E_p/E_s = 35$、$E_p/E_s = 100$ 及 $E_p/E_s = 200$。其中，$E_s = \mu(3\lambda + 2\mu)/(\lambda + \mu)$。

在 $E_p/E_s = 15$、$E_p/E_s = 35$、$E_p/E_s = 100$ 及 $E_p/E_s = 200$ 时，单排 10 根桩对瑞利波场的屏障隔振后，单排桩一侧的饱和土体表面的竖向位移的振幅比在区域

$0 \leqslant x/\lambda_R \leqslant 2$、$y/\lambda_R = 0$ 的变化情况如图 4-10 所示。计算结果表明，平均位移的振幅比 A_{rv} 随 E_p/E_s 增加而减小，如：当 $E_p/E_s = 15$ 时，$A_{rv} = 0.636$；当 $E_p/E_s = 35$ 时，$A_{rv} = 0.591$；当 $E_p/E_s = 100$ 时，$A_{rv} = 0.575$；当 $E_p/E_s = 200$ 时，$A_{rv} = 0.557$。由此可知，刚性桩的隔振效果更好。

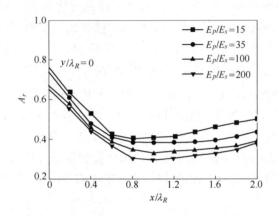

图 4-10 不同 E_p/E_s 时，竖向位移的振幅比 A_r

在区域 $0 \leqslant x/\lambda_R \leqslant 2$，$y/\lambda_R = 0$ 的变化情况

c 排桩桩长 L 的影响

分析排桩桩长在单排桩对瑞利波场的屏障隔振效果的影响。算例中，桩长 L 值分别取 $L = 5.0\mathrm{m}$、$L = 10.0\mathrm{m}$、$L = 20.0\mathrm{m}$、$L = 50.0\mathrm{m}$。在 $L = 5.0\mathrm{m}$、$L = 10.0\mathrm{m}$、$L = 20.0\mathrm{m}$ 及 $L = 50.0\mathrm{m}$ 时，单排 10 根桩对瑞利波场的屏障隔振后，单排桩一侧的饱和土体表面的竖向位移的振幅比在区域 $0 \leqslant x/R_L \leqslant 2$、$y/\lambda_R = 0$ 的变化情况如图 4-11 所示。数值结果表明：在不同的桩长 L 值下，

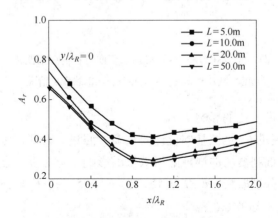

图 4-11 不同桩长时，竖向位移的振幅比 A_r 在

区域 $0 \leqslant x/\lambda_R \leqslant 2$，$y/\lambda_R = 0$ 的变化情况

单排桩一侧饱和土体表面的竖向位移平均位移振幅比 A_{rv} 不同。当 L 分别为 5.0m、10.0m、20.0m、50.0m 时，A_{rv} 分别为 0.628、0.591、0.547、0.541。由计算结果可知，排桩桩长在单排桩对瑞利波场的屏障隔振效果中有较明显的影响。尤其当 $L/\lambda_R \leq 3$ ($L = 5.0$m、$L = 10.0$m) 时，隔振效果影响明显，若 $L/\lambda_R > 3$ ($L = 20.0$m、$L = 50.0$m) 后，再增加排桩桩长，在单排桩对瑞利波场的屏障隔振效果中的影响就不明显了，文献 [96] 中已有相同结论。

d 相邻两根桩间距 d_s 的影响

排桩隔振设计中，相邻两根桩间距 (d_s) 是重要的考虑因素。在本算例中，相邻两根桩间距 (d_s) 值分别取为：$d_s = 0.5$m、$d_s = 1.0$m、$d_s = 2.0$m。在 $d_s = 0.5$m、$d_s = 1.0$m、$d_s = 2.0$m 时，单排 10 根桩对瑞利波场的屏障隔振后，单排桩一侧的饱和土体表面的竖向位移的振幅比 A_r 在区域 $0 \leq x/\lambda_R \leq 2$，$y/\lambda_R = 0$ 的变化情况如图 4-12 所示。图 4-12 表明，单排桩对瑞利波场的屏障隔振效果随相邻两根桩间距 d_s 增加而降低。当 $d_s = 0.5$m、$d_s = 1.0$m、$d_s = 2.0$m 时，$A_{rv} = 0.591$、$A_{rv} = 0.631$、$A_{rv} = 0.662$。由此可知，小间距的排桩隔振效果更好。

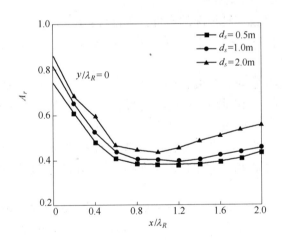

图 4-12 不同 d_s 时，竖向位移的振幅比 A_r 在

区域 $0 \leq x/\lambda_R \leq 2$，$y/\lambda_R = 0$ 的变化情况

C 多排桩隔振效果研究

在本算例中，分析多排桩对瑞利波场的屏障隔振效果。假设沿 x 轴正方向入射的简谐瑞利波，$f = 50$Hz，如图 4-13 所示。排桩的排数 K，该排的桩数 n_k。饱和土体参数为：$\mu = 1.32 \times 10^8 \text{N/m}^2$，$\lambda = 1.32 \times 10^8 \text{N/m}^2$，$M = 1.0 \times 10^{11} \text{N/m}^2$，$\rho_s = 2.0 \times 10^3 \text{kg/m}^3$，$\rho_f = 1.0 \times 10^3 \text{kg/m}^3$，$\phi = 0.4$，$\alpha = 0.97$，$b_p = 1.9 \times 10^7 \text{kg/}$

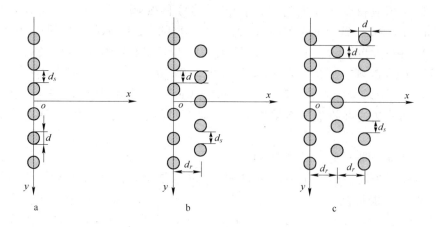

图 4-13　多排桩隔振俯视图

a—$K=1$、$n_1=6$；b—$K=2$、$n_1=6$、$n_2=5$；c—$K=3$、$n_1=6$、$n_2=5$、$n_3=6$

$(m^3 \cdot s)$，$a_\infty = 3.0$。桩的参数为：$d=1.0m$，$L=10.0m$，$E_p=3.3 \times 10^{10} N/m^2$，$\rho_p=2.4 \times 10^3 kg/m^3$，$d_s=0.5m$。相邻两排桩的间距为 $d_r=0.5m$。

a　排桩排数 K 的效果分析

在本算例中，考虑三种情况的排桩：单排桩：$K=1$、$n_1=6$；两排桩：$K=2$、$n_1=6$、$n_2=5$；三排桩：$K=3$、$n_1=6$、$n_2=5$、$n_3=6$。三种情况排桩的排列如图 4-13 所示。

三种情况的多排桩对瑞利波场的屏障隔振后，排桩一侧的饱和土体表面的竖向位移的振幅比如图 4-14 所示。不同情况的多排桩，竖向位移的振幅比 A_r 在区域 $0 \leqslant x/\lambda_R \leqslant 2$，$y/\lambda_R = 0$ 的变化情况如图 4-15 所示。

从图 4-14 可知，随排桩的排数增加，排桩对瑞利波场的屏障隔振效果增强。三种情况的多排桩对瑞利波场的竖向位移的平均位移振幅比分别为 0.712、0.682、0.636。

从图 4-15 可以看出，随排桩排数的增多，位移的振幅比最小值的位置更接近排桩后侧。当 $K=1$、$n_1=6$ 时，在 $x/\lambda_R=0.89$ 处，出现位移的振幅比最小值为 $A_r=0.474$；当 $K=3$、$n_1=6$、$n_2=5$、$n_3=6$，在 $x/\lambda_R=0.87$ 处，出现位移的振幅比最小值为 $A_r=0.41$；当 $K=2$、$n_1=6$、$n_2=5$，在 $x/\lambda_R=0.85$ 处，出现位移的振幅比最小值为 $A_r=0.39$。

b　多排桩的排桩间距 d_r 的效果分析

在本节中，分析多排桩的排桩间距对瑞利波场屏障隔振的效果。考察两排桩：$K=2$、$n_1=6$、$n_2=5$，排桩间距分别为 $d_r=0.5m$，$d_r=1.0m$，$d_r=2.0m$。排桩隔振模型如图 4-13b 所示，在 $d_r=0.5m$，$d_r=1.0m$，$d_r=2.0m$ 时，两排桩：$K=2$、$n_1=6$、$n_2=5$ 对瑞利波场的屏障隔振后，排桩一侧的饱和土体表面的竖向

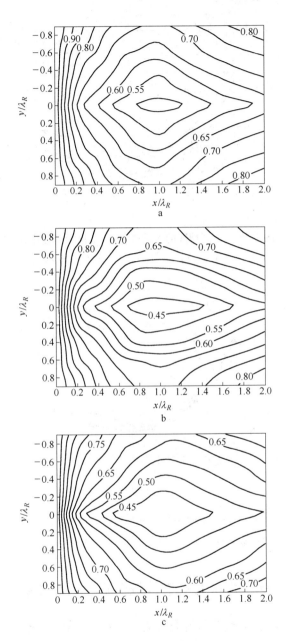

图 4-14　多排桩在不同排数时的土体表面竖向位移的振幅比等值线图

a—$K=1$、$n_1=6$；b—$K=2$、$n_1=6$、$n_2=5$；c—$K=3$、$n_1=6$、$n_2=5$、$n_3=6$

位移的振幅比 A_r 在区域 $0 \leqslant x/\lambda_R \leqslant 2$，$y/\lambda_R=0$ 的变化情况如图 4-16 所示。由计算结果可知，排桩的排桩间距对瑞利波场的屏障隔振效果没有明显的影响。当 $d_r=0.5\mathrm{m}$、$d_r=1.0\mathrm{m}$、$d_r=2.0\mathrm{m}$ 时，$A_{rv}=0.682$、$A_{rv}=0.698$、$A_{rv}=0.706$。

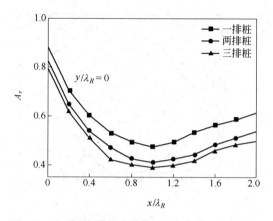

图 4-15 不同情况的多排桩,竖向位移的振幅比 A_r

在区域 $0 \leqslant x/\lambda_R \leqslant 2$, $y/\lambda_R = 0$ 的变化情况

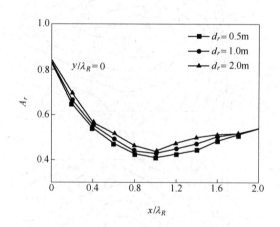

图 4-16 不同 d_r 时,竖向位移的振幅比 A_r

在区域 $0 \leqslant x/\lambda_R \leqslant 2$, $y/\lambda_R = 0$ 的变化情况

4.2 层状饱和土体中排桩对简谐荷载振源的隔振效果研究

4.2.1 层状饱和土体-排桩体系的第二类 Fredholm 积分方程

层状饱和土体-排桩体系计算模型如图 4-17 所示,振源为竖向圆形分布的简谐荷载,振动频率为 f,荷载分布圆形的直径为 D。采用排桩作为隔振系统。排桩总数为 N_p。每根桩的直径 $d(d = 2R)$、桩长 L、杨氏模量 E_p、密度 ρ_p,相邻的两根桩之间的距离为 d_s,相邻的两排桩之间的距离为 d_r。圆形简谐荷载振源中心到第一排桩中心的距离为 D_s。

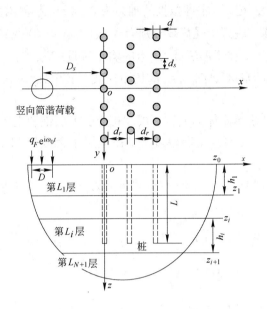

图 4-17 层状饱和土体-排桩对简谐荷载振动的隔振示意图

根据 Muki 和 Sternberg[56,57] 及 Pak 和 Jennings[109] 方法，该问题的解可由两部分组成：扩展的半空间层状饱和土体和虚拟桩，如图 4-18 所示。扩展半空间层状饱和土体满足 Biot 理论方程，而虚拟桩可视为一维弹性杆的振动。考虑到桩-土接触面的透水性对桩的响应影响不大，因此在计算过程中认为桩是完全透水的[109]。为分析问题的方便，只考虑两层饱和土体与桩动力作用的第二类 Fredholm 积分方程，对于任意多层的饱和土体，可用相同的方法得到。

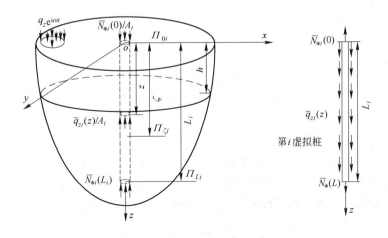

图 4-18 层状饱和土体-桩体系的分解为扩展层状饱和土体和虚拟桩

如图 4-18 所示，记第 i 根虚拟桩的轴力为 $\overline{N}_{*i}(z)$，桩侧沿桩身分布的竖向荷载为 $\overline{q}_{zi}(z)$，桩顶端、底部所受荷载分别为 $\overline{N}_{*i}(0)$、$\overline{N}_{*i}(L)$；扩展层状饱和半空间土所受荷载为：$\overline{q}_{zi}(z)$，在圆形区域 Π_{zj} 上的均布荷载；$\overline{N}_{*i}(0)$、$\overline{N}_{*i}(L)$ 为第 i 根桩顶、底部所对应的圆形区域 Π_{0i}、Π_{Li} 的均布荷载；其中 $A_i = \pi R^2$ 是第 i 根桩的横截面积。

上标 1、2 分别表示土体的上、下层。相应的上层饱和土体的 Lame 常量、密度分别为 $\lambda^{(1)}$、$\mu^{(1)}$、$\rho^{(1)}$；土层厚度为 h；上层半无限饱和土体的 Lame 常量、密度为 $\lambda^{(2)}$、$\mu^{(2)}$、$\rho^{(2)}$。

由文献［73，74］可知，第 i 根虚拟桩分为两部分，每部分的杨氏模量及密度为：

$$E_{p*i}(z) = E_{pi} - E_s^{(1)}, \quad \rho_{p*i}(z) = \rho_{pi} - \rho^{(1)}$$

$$0 \leqslant z < h, \quad i = 1, 2, \cdots, N_p \tag{4-50}$$

$$E_{p*i}(z) = E_{pi} - E_s^{(2)}, \quad \rho_{p*i}(z) = \rho_{pi} - \rho^{(2)}$$

$$h < z \leqslant L, \quad i = 1, 2, \cdots, N_p \tag{4-51}$$

式中　E_{pi}，ρ_{pi}——第 i 根虚拟桩的杨氏模量、密度（$i = 1$，2）；

$E_s^{(k)}$，$\rho^{(k)}$——第 k 层状饱和土体的杨氏模量、密度（$k = 1$，2），且：

$$E_s^{(k)} = \mu^{(k)}(3\lambda^{(k)} + 2\mu^{(k)})/(\lambda^{(k)} + \mu^{(k)})$$

对第 i 根虚拟桩的位移 $\overline{u}_{z*i}^p(z)$、竖向分布力 $\overline{q}_{zi}(z)$ 和轴力 $\overline{N}_{*i}(z)$ 满足下列关系：

$$\overline{q}_{zi}(z) = -\frac{d\overline{N}_{*i}(z)}{dz} - \rho_{p*i}(z)A_i\omega^2\overline{u}_{z*i}^p(z), \quad i = 1, 2, \cdots, N_p \tag{4-52}$$

$$\overline{u}_{z*i}^p(z) = \overline{u}_{z*i}^p(0) + \int_0^z \frac{\overline{N}_{*i}(\eta)}{E_{p*i}(\eta)A_i}d\eta, \quad i = 1, 2, \cdots, N_p \tag{4-53}$$

式中　$\overline{u}_{z*i}^p(z)$——第 i 根虚拟桩的竖向位移。

扩展的半空间层状饱和土体的竖向应变由两部分组成，第一部分是自由波场，第二部分是由虚拟桩位置处的桩-土相互作用力引起的应变。扩展层状半空间饱和土沿第 i 根虚拟桩位置处的 z 轴方向的竖向应变为：

$$\overline{\varepsilon}_{zi}^s(z) = \overline{\varepsilon}_{zi}^f(z) + \sum_{j=1}^{N_p}\left[\overline{N}_{*j}(0)\overline{\varepsilon}_z^{(G)}(r_{ij}, 0, z) - \overline{N}_{*j}(L_j)\overline{\varepsilon}_z^{(G)}(r_{ij}, L_j, z) - \right.$$

$$\int_0^{L_j} \overline{q}_{zj}(\zeta)\overline{\varepsilon}_z^{(G)}(r_{ij},\zeta,z)\mathrm{d}\zeta\,], \quad i = 1,2,\cdots,N_p \tag{4-54}$$

式中　　　i,j——第 ij 根桩；

$\overline{\varepsilon}_{zi}^f(z)$——第 i 根桩位置处的自由波场；

$\overline{\varepsilon}_z^{(G)}(r_{ij},\zeta,z)$——竖向均布的圆形荷载作用在第 j 根虚拟桩所在位置处区域 $\Pi_{\zeta j}$ 引起的第 i 根虚拟桩所在位置处圆形区域 Π_{zi} 的竖向应变（图 4-18）；

r_{ij}——第 i 根桩与第 j 根桩之间的水平距离，当 $i=j$ 时，$r_{ij}=0$。

由式(4-52)~式(4-54)可得：

$$\overline{\varepsilon}_{zi}^s(z) = \overline{\varepsilon}_{zi}^f(z) + \overline{N}_{*i}(z)\big[\overline{\varepsilon}_z^{(G)}(r_{ii},z^+,z) - \overline{\varepsilon}_z^{(G)}(r_{ii},z^-,z)\big] +$$

$$\sum_{j=1}^{N_p}\Big[-\int_0^{L_j}\overline{N}_{*j}(\zeta)\frac{\partial\overline{\varepsilon}_z^{(G)}(r_{ji},\zeta,z)}{\partial\zeta}\mathrm{d}\zeta + \int_0^{L_j}\rho_{p*j}(\zeta)A_j\omega^2\overline{u}_{z*j}^p(\zeta)\overline{\varepsilon}_z^{(G)}(r_{ji},\zeta,z)\mathrm{d}\zeta\Big]$$

$$0 \leqslant z < h, h < z \leqslant L_i \tag{4-55}$$

式中　$\overline{\varepsilon}_z^{(G)}(r_{ii},z^-,z),\overline{\varepsilon}_z^{(G)}(r_{ii},z^+,z)$——分别为作用在第 i 根虚拟桩所在位置处圆形区域 $\Pi_{\zeta i}$ 的竖向均布荷载从上、下部无限趋近于第 i 根虚拟桩所在位置处 Π_{zi} 处的竖向应变，具体表达式可参见第 3 章层状饱和土体内部受简谐荷载作用下的基本解。考虑到层状饱和土体中沿桩身的轴力不连续，式（4-55）中的积分区间应在饱和土体分层位置处断开，其他各式的处理相同。

在本节中，对于桩-层中土体的接触面协调条件为：沿桩轴向即 z 轴的方向任意位置处第 i 根虚拟桩的竖向应变和扩展层状半空间饱和土同一位置处的竖向应变相等：

$$\overline{\varepsilon}_{z*i}^p(z) = \overline{\varepsilon}_{zi}^s(z), i = 1,2,\cdots,N_p$$

$$0 \leqslant z < h, h < z \leqslant L_i \tag{4-56}$$

式中　$\overline{\varepsilon}_{z*i}^p(z)$——第 i 根虚拟桩的竖向应变。

由式(4-55)及式(4-56)，可得到第 i 根桩-层状饱和土体相互作用的第二类 Fredholm 积分方程：

$$\frac{\overline{N}_{*i}(z)}{E_{p*i}(z)A_i} + \overline{N}_{*i}(z)\left[\overline{\varepsilon}_z^{(G)}(r_{ii},z^+,z) - \overline{\varepsilon}_z^{(G)}(r_{ii},z^-,z)\right] +$$

$$\sum_{j=1}^{N_p}\left[\int_0^{L_j}\overline{N}_{*j}(\zeta)\frac{\partial\overline{\varepsilon}_z^{(G)}(r_{ji},\zeta,z)}{\partial\zeta}\mathrm{d}\zeta - \int_0^{L_j}\frac{\overline{N}_{*j}(\zeta)}{E_{p*j}(\zeta)}\chi_{ji}^{(a)}(\zeta,z)\mathrm{d}\zeta -$$

$$\chi_{ji}^{(b)}(z)\overline{u}_{z*j}^p(0)\right] = \overline{\varepsilon}_{zi}^f(z), \quad i = 1,2,\cdots,N_p \tag{4-57}$$

其中　　　　$$\chi_{ji}^{(a)}(\zeta,z) = \int_\zeta^{L_j}\rho_{p*j}(\eta)\omega^2\overline{\varepsilon}_z^{(G)}(r_{ji},\eta,z)\mathrm{d}\eta$$

$$\chi_{ji}^{(b)}(z) = \int_0^{L_j}\rho_{p*j}(\eta)A_j\omega^2\overline{\varepsilon}_z^{(G)}(r_{ji},\eta,z)\mathrm{d}\eta$$

如此类推，排桩后的饱和土体表面竖向位移为 $\overline{u}_{zs}(\boldsymbol{x}_\perp,z=0)$

$$\overline{u}_{zs}(\boldsymbol{x}_\perp,0) = \overline{u}_{zf}^s(\boldsymbol{x}_\perp,0) + \sum_{j=1}^{N_p}\left[-\int_0^{L_j}\overline{N}_{*j}(\zeta)\frac{\partial\overline{U}_z^{(G)}(r_{x_\perp j},\zeta,0)}{\partial\zeta}\mathrm{d}\zeta +$$

$$\int_0^{L_j}\rho_{p*j}(\zeta)A_j\omega^2\overline{u}_{z*j}^p(\zeta)\overline{U}_z^{(G)}(r_{x_\perp j},\zeta,0)\mathrm{d}\zeta\right]$$

$$0 \leqslant z < h, h < z \leqslant L \tag{4-58}$$

式中　$\overline{u}_{zf}^s(\boldsymbol{x}_\perp,0)$——自由波场解；

$\overline{U}_z^{(G)}(r_{x_\perp j},\zeta,0)$——竖向均布的圆形荷载作用在第 j 根虚拟桩所在位置处区域 $\Pi_{\zeta j}$ 引起的第 i 根虚拟桩所在位置处圆形区域 Π_{zi} 的竖向位移（图4-18），具体表达式可见第 3 章层状饱和土体内部受简谐荷载作用下的基本解。

式（4-58）中，桩顶的竖向位移 $\overline{u}_{z*i}^p(0)$ 是未知的，可根据桩顶处的位移与扩展饱和土体表面处的位移相等作为补充方程求得，即：

$$\overline{u}_{z*i}^p(0) = \overline{u}_{zi}^s(0) \tag{4-59}$$

对于 $\overline{u}_{zi}^s(0)$ 可令 $\boldsymbol{x}_\perp$ 与第 i 根桩的位置重合，从式（4-58）、（4-59）中可得：

$$\sum_{j=1}^{N_p}\left[-\int_0^{L_j}\overline{N}_{*j}(\zeta)\frac{\partial\overline{U}_z^{(G)}(r_{x_\perp j},\zeta,0)}{\partial\zeta}\mathrm{d}\zeta + \int_0^{L_j}\frac{\overline{N}_{*j}(\zeta)}{E_{p*j}(\zeta)}\overline{\chi}_{ji}^{(c)}(\zeta,0)\mathrm{d}\zeta\right] +$$

$$\sum_{j=1}^{N_p}\overline{u}_{z*j}^p(0)\left[\overline{\chi}_{ji}^{(d)}(0) - \delta_{ij}\right] = -\overline{u}_{zfi}^s(\boldsymbol{x}_\perp,0)$$

$$i = 1,2,\cdots,N_p \tag{4-60}$$

其中

$$\overline{\chi}_{ji}^{(c)}(\zeta,z) = \int_{\zeta}^{L_j} \rho_{p*j}(\eta)\omega^2 \overline{U}_z^{(G)}(r_{ji},\eta,z)\mathrm{d}\eta$$

$$\overline{\chi}_{ji}^{(b)}(z) = \int_{0}^{L_j} \rho_{p*j}A_j\omega^2 \overline{U}_z^{(G)}(r_{ji},\eta,z)\mathrm{d}\eta$$

4.2.2　数值验证与算例分析

需要指出的是在本节中对积分方程(4-57)的离散计算方法同本章第4.1节，同时，在后续的数值计算分析中，对于评价排桩隔振效果的幅值减小比 A_r、平均幅值减小比 A_{rv} 的定义同4.1节。

4.2.2.1　数值验证

考察单排8根作为隔振系统埋入饱和土体中，振源是竖向圆形分布的简谐荷载，振动频率为 $f=50\mathrm{Hz}$，分布圆形荷载的直径为 $D=0.8\mathrm{m}$，强度为 $q_F=200\mathrm{Pa}$。排桩总数为 N_p。每根桩有相同的直径 $d=1.0m(d=2R)$、桩长 $L=5.0\mathrm{m}$、杨氏模量 $E_p=4.526\times10^{10}\mathrm{N/m^2}$、密度 $\rho_p=2.35\times10^3\mathrm{kg/m^3}$，相邻的两根桩之间的距离为 $d_s=0.5\mathrm{m}$。圆形振源中心到第一排桩中心的距离为 $D_s=7.5\mathrm{m}$（图4-17）。文献［94］采用边界元法分析了单排8根在弹性土体中对简谐荷载振源的隔振效果。为与该文献结果比较，每层土体的参数设置为相同值，则层状土体的解可与均质土体的解相同，另外，若饱和土体的参数 M、a_∞、α、b_p、ϕ、ρ_f 趋近于0，则饱和土体的解退化为均质的弹性土体解。文献［40］把弹性土体的Lame常量 λ、μ 用复数来表示，即考虑实际土体的凝滞性，弹性土体转化为黏弹性土体。采用 $\mu=\mu_0(1+\mathrm{i}\beta_s)$，$\lambda=\lambda_0(1+\mathrm{i}\beta_s)$，其中 β_s 表示土体的黏阻尼。在计算中，退化的层状饱和土体的参数为 $\mu_0^{(1)}=\mu_0^{(2)}=1.32\times10^8\mathrm{N/m^2}$，$\lambda_0^{(1)}=\lambda_0^{(2)}=1.32\times10^8\mathrm{N/m^2}$，$\rho_s^{(1)}=\rho_s^{(2)}=1.75\times10^3\mathrm{kg/m^3}$，$\beta_s=0.05$。由文献［94］知，退化的饱和土体中瑞利波长值为 $\lambda_R=5.0\mathrm{m}$。退化的均质弹性土体中单排8根桩对简谐荷载振源的屏障隔振后，单排8根桩一侧的饱和土体表面竖向位移的振幅比如图4-19所示。根据计算，$A_{rv}=0.718$，而文献［94］中 $A_{rv}=0.712$，结果相差0.842%，在计算误差范围内。

4.2.2.2　两排桩在两层饱和土体中的隔振效果研究

本节考察土体的不均匀性对振源的隔振效果分析。同时，分析桩长 L、杨氏模量 E_p、相邻两根桩的距离 d_s、相邻两排桩间的距离 d_r 对排桩隔振效果的影响。

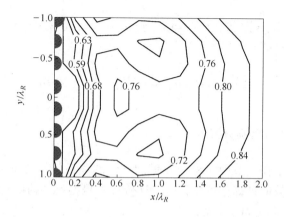

图 4-19　退化弹性土体中单排桩对简谐荷载隔振后的
竖向位移的振幅比的等值线图

振源是竖向圆形分布的简谐荷载，振动频率为 $f(f = \omega/2\pi)$，荷载分布圆形的直径为 D，强度为 q_F（图 4-17）。振源的参数为：振动频率为 $f = 10.0$Hz，直径 $D = 1.0$m，分布集度 $q_F = 100$kN，与排桩的近距为 $D_s = 15$m；排桩为两排，总数为 $N_p = 9 + 8 = 17$，第一排桩根数为 9 个，第二排桩为 8 根。每根桩有相同的直径 $d(d = 2a)$、桩长 L、杨氏模量 E_p、密度 ρ_p，相邻的两根桩之间的距离为 d_s，相邻两排桩间的距离为 d_r。

两层土体模型为：上层土体位于半空间饱和土体上，分为三种情况：(1) 均质土体，$\mu^{(1)} : \mu^{(2)} = 1 : 1$；(2) 上软下硬，$\mu^{(1)} : \mu^{(2)} = 0.2 : 1$；(3) 上硬下软，$\mu^{(1)} : \mu^{(2)} = 5 : 1$。对每种情况，参数为：$h = 3.0$m，$\lambda^{(1)} = \mu^{(1)}$，$\mu^{(2)} = 2.0 \times 10^7$Pa，$\lambda^{(2)} = 2.0 \times 10^7$Pa，$M^{(j)} = 2.4 \times 10^8$N/m^2，$\rho_s^{(j)} = 2.0 \times 10^3$kg/m^3，$\rho_f^{(j)} = 1.0 \times 10^3$kg/m^3，$\phi^{(j)} = 0.3$，$\alpha^{(j)} = 0.97$，$b_p^{(j)} = 1.0 \times 10^{10}$kg/（m^3·s），$a_\infty^{(j)} = 2.0 (j = 1, 2)$。根据文献 [106] 可知，参考波长为 $\lambda_R = 10.0$m。

在下面的分析中，当对某一参数如：桩长 L、杨氏模量 E_p、相邻两根桩的距离 d_s、相邻两排桩间的距离 d_r 分析时，其他参数保持不变。在未作说明时，桩参数基本值为 $L = 20.0$m，$E_p/E_s^{(2)} = 100$，$d_s = 0.5$m，$d_r = 0.5$m，其中，$E_s^{(2)} = \mu^{(2)}(3\lambda^{(2)} + 2\mu^{(2)})/(\lambda^{(2)} + \mu^{(2)})$。

A　桩长 L 的影响

考察桩长分别为 $L = 10.0$m、$L = 20.0$m、$L = 30.0$m 时，在上述情况下的两排桩在两层饱和土体中的隔振效果。当 $L = 10.0$m、$L = 20.0$m、$L = 30.0$m 时，采用两排排桩埋入三种情况的层状饱和土体作为屏障隔振后，两排桩一侧的两层饱和土体表面的竖向位移的振幅比如图 4-20 ~ 图 4-22 所示。不同桩长时，竖向位移的振幅比 A_r 在区域 $0 \leqslant x/\lambda_R \leqslant 2$，$y/\lambda_R = 0$ 的变化情况如图 4-23 所示。

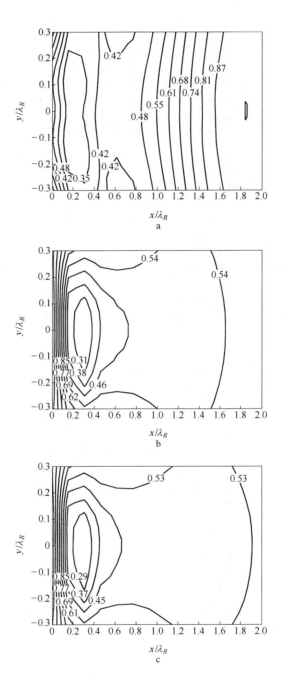

图 4-20 层状饱和土体在 $\mu^{(1)}:\mu^{(2)} = 1:1$ 时，桩长对
土体表面竖向位移振幅比 A_r 等值线图的影响

a—$L=10.0\text{m}$; b—$L=20.0\text{m}$; c—$L=30.0\text{m}$

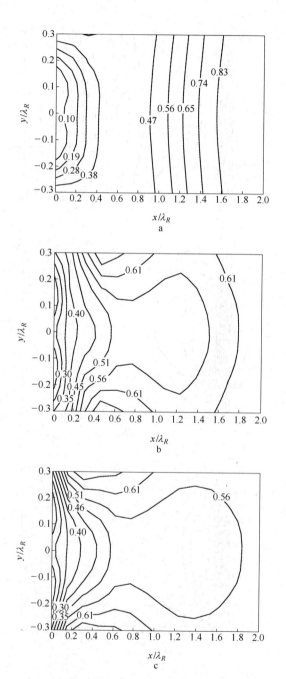

图 4-21 层状饱和土体在 $\mu^{(1)} : \mu^{(2)} = 0.2 : 1$ 时，桩长对
土体表面竖向位移振幅比 A_r 等值线图的影响

a—$L = 10.0$m；b—$L = 20.0$m；c—$L = 30.0$m

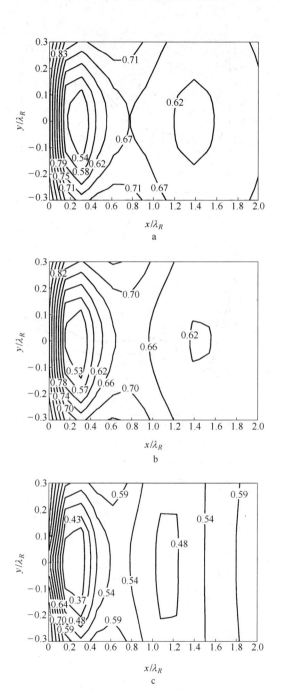

图 4-22 层状饱和土体在 $\mu^{(1)}$: $\mu^{(2)}$ = 5 : 1 时，桩长对
土体表面竖向位移振幅比 A_r 等值线图的影响

a—L = 10.0m；b—L = 20.0m；c—L = 30.0m

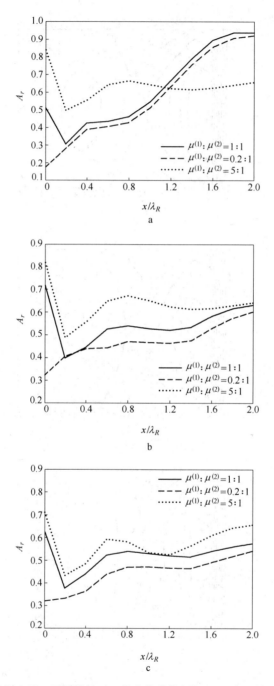

图 4-23　不同桩长时，竖向位移的振幅比 A_r 在区域

$0 \leqslant x/\lambda_R \leqslant 2, y/\lambda_R = 0$ 的变化情况

a—$L = 10.0\text{m}$；　b—$L = 20.0\text{m}$；　c—$L = 30.0\text{m}$

数值结果表明，不同桩长 L，排桩一侧的三种情况下层状饱和土体表面的竖向平均位移的振幅比 A_{rv} 不同。当 $L = 10.0\text{m}$ 时，$A_{rv1} = 0.625$，$A_{rv2} = 0.5672$，$A_{rv3} = 0.6625$；当 $L = 20.0\text{m}$ 时，$A_{rv1} = 0.5445$，$A_{rv2} = 0.5384$，$A_{rv3} = 0.6582$；当 $L = 30.0\text{m}$ 时，$A_{rv1} = 0.5273$，$A_{rv2} = 0.5288$，$A_{rv3} = 0.546$。

从计算结果可知，排桩桩长对屏障隔振效果有较明显的影响。增加排桩桩长，屏障隔振效果加大，另外，在相同振源、一定桩长时，情况（2）（上软下硬，$\mu^{(1)} : \mu^{(2)} = 0.2 : 1$）的隔振效果比其他两种情况的隔振效果好。

B 桩土刚度比的影响

排桩的杨氏模量 E_p 是桩基础设计的重要参照量。因此，考察排桩的杨氏模量 E_p 对屏障隔振效果的影响是非常必要。同样，振源、隔振系统、层状饱和土体的模型与上节例题相同，桩的杨氏模量 E_p 值为：$E_p/E_s^{(2)} = 50$、$E_p/E_s^{(2)} = 100$、$E_p/E_s^{(2)} = 200$。其中 $E_s^{(2)} = \mu^{(2)}(3\lambda^{(2)} + 2\mu^{(2)})/(\lambda^{(2)} + \mu^{(2)})$。当 $E_p/E_s^{(2)} = 50$、$E_p/E_s^{(2)} = 200$ 时，采用两排排桩埋入三种情况的层状饱和土体作为屏障隔振后，两排桩一侧的两层饱和土体表面的竖向位移的振幅比如图 4-24 ~ 图 4-26 所示。对于 $E_p/E_s^{(2)} = 100$ 情况下的隔振情况，如图 4-24b、图 4-25b、图 4-26b 所示。不同 $E_p/E_s^{(2)}$ 时，竖向位移的振幅比 A_r 在区域 $0 \leqslant x/\lambda_R \leqslant 2$，$y/\lambda_R = 0$ 的变化情况如图 4-27 所示。

数值结果表明，不同的 $E_p/E_s^{(2)}$，排桩一侧的三种情况层状饱和土体表面的竖向平均位移的振幅比 A_{rv} 不同。当 $E_p/E_s^{(2)} = 50$ 时，$A_{rv1} = 0.6934$，$A_{rv2} = 0.6647$，$A_{rv3} = 0.7356$；当 $E_p/E_s^{(2)} = 100$ 时 $A_{rv1} = 0.5445$，$A_{rv2} = 0.5384$，$A_{rv3} = 0.6582$；当 $E_p/E_s^{(2)} = 200$ 时，$A_{rv1} = 0.4446$，$A_{rv2} = 0.5397$，$A_{rv3} = 0.5796$；从图 4-24 ~ 图 4-26 中可知，刚性桩的隔振效果更好，而且从计算结果可知：情况（2）（上软下硬，$\mu^{(1)} : \mu^{(2)} = 0.2 : 1$）隔振效果较好，而在情况（3）（上硬下软，$\mu^{(1)} : \mu^{(2)} = 5 : 1$）中，要得到较好的隔振效果必须增加桩的刚度，同时还可以考虑增加桩的长度。

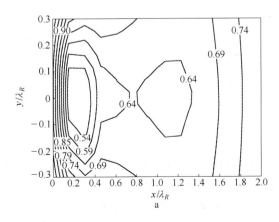

a

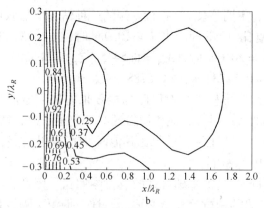

图 4-24   层状饱和土体在 $\mu^{(1)}:\mu^{(2)} = 1:1$ 时，桩土刚度比 $E_p/E_s^{(2)}$

对土体表面竖向位移振幅比 A_r 等值线图的影响

a—$E_p/E_s^{(2)} = 50$；b—$E_p/E_s^{(2)} = 200$

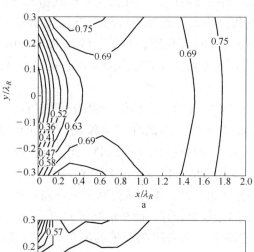

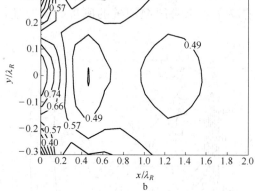

图 4-25   层状饱和土体在 $\mu^{(1)}:\mu^{(2)} = 0.2:1$ 时，桩土刚度比

$E_p/E_s^{(2)}$ 对土体表面竖向位移振幅比 A_r 等值线图的影响

a—$E_p/E_s^{(2)} = 50$；b—$E_p/E_s^{(2)} = 200$

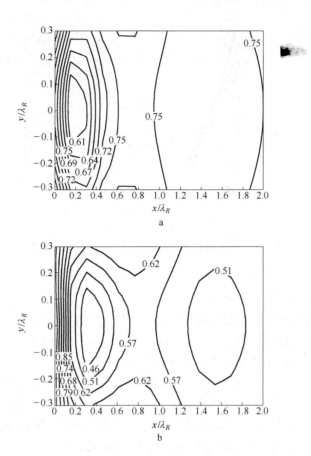

图 4-26 层状饱和土体在 $\mu^{(1)} : \mu^{(2)} = 5 : 1$ 时，桩土刚度比
$E_p/E_s^{(2)}$ 对土体表面竖向位移振幅比 A_r 等值线图的影响

a—$E_p/E_s^{(2)} = 50$；b—$E_p/E_s^{(2)} = 200$

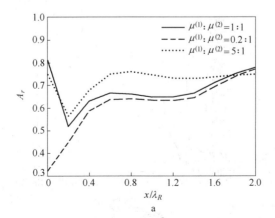

a

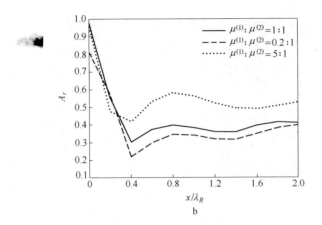

b

图 4-27   不同 $E_p/E_s^{(2)}$ 时，竖向位移的振幅比 A_r 在区域 $0 \leqslant x/\lambda_R \leqslant 2$，$y/\lambda_R = 0$ 的变化情况

a—$E_p/E_s^{(2)} = 50$；b—$E_p/E_s^{(2)} = 200$

C   相邻两根桩间距的影响

排桩隔振设计中，相邻两根桩间距（d_s）是重要的考虑因素。算例中，相邻两根桩间距 d_s 的值分别为：$d_s = 0.25$m、$d_s = 0.5$m、$d_s = 1.0$m。同样，振源、隔振系统、层状饱和土体的计算模型如同上节。

当 $d_s = 0.25$m、$d_s = 1.0$m 时，采用两排排桩埋入三种情况的层状饱和土体作为屏障隔振后，两排桩一侧的两层饱和土体表面的竖向位移的振幅比如图 4-28 ~ 图 4-30 所示。对于 $d_s = 1.0$m 情况下的隔振情况，如图 4-28b、图 4-29b、图 4-30b 所示。不同的 d_s 时，竖向位移的振幅比 A_r 在区域 $0 \leqslant x/\lambda_R \leqslant 2$，$y/\lambda_R = 0$ 的变化情况如图 4-31 所示。

图 4-31 表明，排桩的屏障隔振效果随相邻两根桩间距（d_s）增加而降低。数值结果表明，不同的 d_s，排桩一侧的三种情况下层状饱和土体表面的竖向平均位移的振幅比 A_{rv} 不同。当 $d_s = 0.25$m 时，$A_{rv1} = 0.4957$，$A_{rv2} = 0.4754$，$A_{rv3} =$

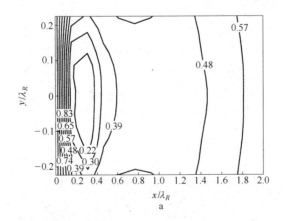

a

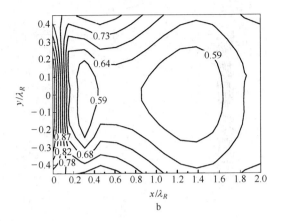

图 4-28 层状饱和土体在 $\mu^{(1)} : \mu^{(2)} = 1 : 1$ 时，不同相邻两根桩间距
d_s 对土体表面竖向位移振幅比 A_r 等值线图的影响

a—$d_s = 0.25\text{m}$；b—$d_s = 1.0\text{m}$

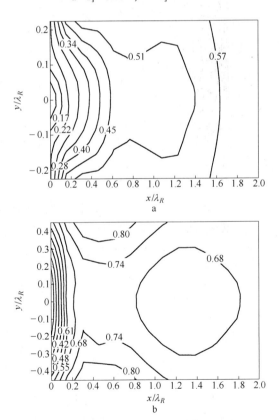

图 4-29 层状饱和土体在 $\mu^{(1)} : \mu^{(2)} = 0.2 : 1$ 时，不同相邻两根桩间距
d_s 对土体表面竖向位移振幅比 A_r 等值线图的影响

a—$d_s = 0.25\text{m}$；b—$d_s = 1.0\text{m}$

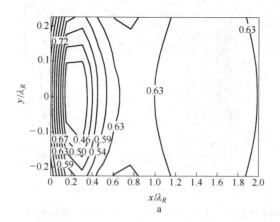

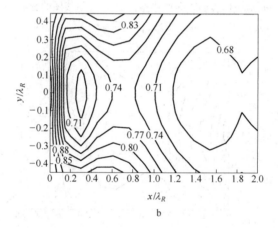

图 4-30　层状饱和土体在 $\mu^{(1)}:\mu^{(2)}=5:1$ 时，不同相邻两根桩间距
d_s 对土体表面竖向位移振幅比 A_r 等值线图的影响

a—$d_s=0.25$m；b—$d_s=1.0$m

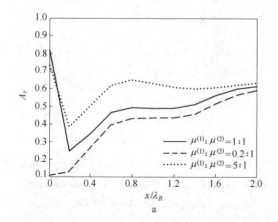

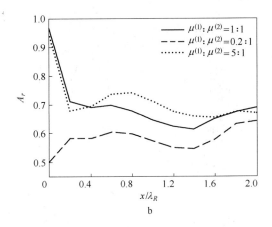

b

图 4-31 不同相邻两根桩间距 d_s 时，竖向位移的振幅比 A_r

在区域 $0 \leqslant x/\lambda_R \leqslant 2$，$y/\lambda_R = 0$ 的变化情况

a—$d_s = 0.25\mathrm{m}$；b—$d_s = 1.0\mathrm{m}$

0.6184；当 $d_s = 0.5\mathrm{m}$ 时 $A_{rv1} = 0.5445$，$A_{rv2} = 0.5384$，$A_{rv3} = 0.6582$；当 $d_s = 1.0\mathrm{m}$ 时，$A_{rv1} = 0.6621$，$A_{rv2} = 0.6747$，$A_{rv3} = 0.7413$；从计算结果可知：情况（2）（上软下硬，$\mu^{(1)} : \mu^{(2)} = 0.2 : 1$）隔振效果较好，而在情况（3）（上硬下软，$\mu^{(1)} : \mu^{(2)} = 5 : 1$）中，需更小的相邻两根桩间距 d_s 才能得到较好的隔振效果。

D 排桩间距的效果分析

考察同样的两排桩埋入两层饱和土体中作为隔振系统，排桩间距分别为 $d_r = 0.5\mathrm{m}$、$d_r = 1.0\mathrm{m}$、$d_r = 2.0\mathrm{m}$，排桩隔振模型如图 4-17 所示。同样，振源、隔振系统、层状饱和土体的模型与上节相同。

当 $d_r = 1.0\mathrm{m}$、$d_r = 1.5\mathrm{m}$ 时，采用两排排桩埋入三种情况的层状饱和土体作为屏障隔振后，两排桩一侧的两层饱和土体表面的竖向位移的振幅比如图 4-32 ~ 图 4-34 所示。

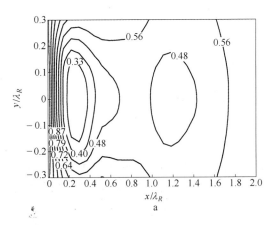

a

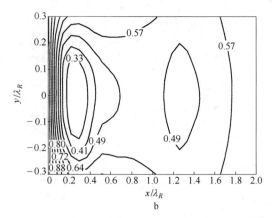

图 4-32 层状饱和土体在 $\mu^{(1)} : \mu^{(2)} = 1 : 1$ 时，不同排桩间距
d_r 对土体表面竖向位移振幅比 A_r 等值线图的影响

a—$d_r = 1.0$m；b—$d_r = 1.5$m

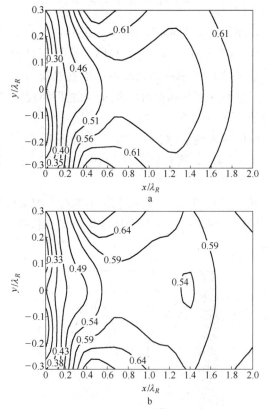

图 4-33 层状饱和土体在 $\mu^{(1)} : \mu^{(2)} = 0.2 : 1$ 时，不同排桩间距
d_r 对土体表面竖向位移振幅比 A_r 等值线图的影响

a—$d_r = 1.0$m；b—$d_r = 1.5$m

对于 $d_r = 1.5m$ 情况下的隔振情况，如图 4-32b、图 4-33b、图 4-34b 所示。在不同的 d_r 情况下，竖向位移的振幅比 A_r 在区域 $0 \leqslant x/\lambda_R \leqslant 2$，$y/\lambda_R = 0$ 的变化情况如图 4-35 所示。利用本书计算方法可得：不同 d_r 时排桩一侧的三种层状饱和土体

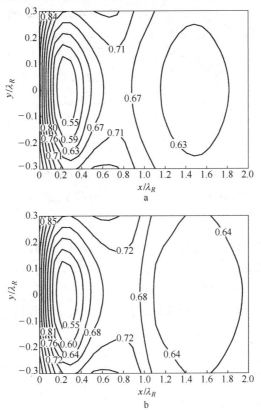

图 4-34　层状饱和土体在 $\mu^{(1)} : \mu^{(2)} = 5 : 1$ 时，不同排桩间距
d_r 对土体表面竖向位移振幅比 A_r 等值线图的影响

a—$d_r = 1.0m$；b—$d_r = 1.5m$

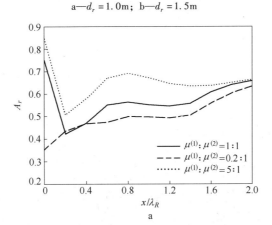

a

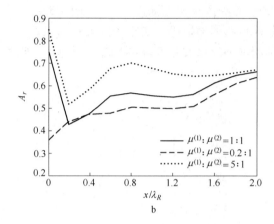

图 4-35 不同排桩间距 d_r 时，竖向位移的振幅比 A_r 在

区域 $0 \leqslant x/\lambda_R \leqslant 2$，$y/\lambda_R = 0$ 的变化情况

a—$d_r = 1.0\text{m}$；b—$d_r = 1.5\text{m}$

表面的竖向平均位移的振幅比 A_{rv} 为：当 $d_r = 0.5\text{m}$ 时，$A_{rv1} = 0.5445$，$A_{rv2} = 0.5384$，$A_{rv3} = 0.658$；当 $d_r = 1.0\text{m}$ 时，$A_{rv1} = 0.562$，$A_{rv2} = 0.551$，$A_{rv3} = 0.6653$；当 $d_r = 1.5\text{m}$ 时，$A_{rv1} = 0.5651$，$A_{rv2} = 0.559$，$A_{rv3} = 0.6723$。从计算结果可知：对于三种情况的层状饱和土体，相邻两排桩间距 (d_r) 对隔振效果影响不大。

5 排桩对移动荷载的隔振研究

本章根据饱和土体表面受移动荷载、内部受圆形均布简谐荷载作用下的基本解，采用 Muki 虚拟桩法，建立频域内移动荷载作用下土体-桩共同作用的积分方程，再利用傅里叶逆变换，对黏弹性及饱和土体中排桩对移动荷载振源在时间-空间的被动隔振效果进行分析。对荷载速度、排桩的排列分布、饱和土体参数、振源性质等影响排桩隔振的因素作了分析，并与文献［94］已知结果进行了比较。

5.1 均质饱和土体中排桩对移动荷载振源的隔振效果研究

5.1.1 移动荷载作用下均质饱和土体-排桩体系的第二类 Fredholm 积分方程

移动荷载作用下均质饱和土体-排桩体系计算模型如图 5-1 所示，振源为竖向移动的矩形分布的移动简谐荷载，移动荷载的速度为 c，振动频率 ω_0，沿 y 轴的负方向移动，荷载运动的轨迹线与桩的距离为 D_s。移动荷载分布区域为 $2a \times 2b$。采用排桩作为隔振系统。排桩总数为 $N_p = \sum\limits_{k=1}^{K} n_k$，其中，$K$ 为排数；n_k 为第 k 排的桩根数。每根桩的直径 $d(d = 2R)$、桩长 L、杨氏模量 E_p、密度 ρ_p 相同，相邻的两根桩之间的距离为 d_s，相邻的两排桩之间的距离为 d_r。

当桩-土体系受到移动简谐荷载作用产生振动时，桩一般会发生竖向、水平

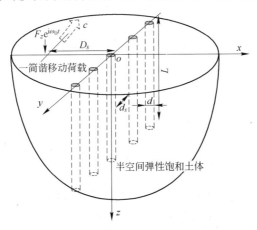

图 5-1   饱和土体-排桩对移动荷载的隔振示意图

方向振动。桩-土系统水平方向的振动较竖直方向振动小，工程中较为关心竖直方向振动幅度大小，因此，这里只讨论桩-土系统竖直方向的振动变化情况。据Halpern 和 Christiano[110] 报道，在低频竖向荷载作用下，考虑饱和土体中桩的透水和不透水性对桩的竖向变形几乎没有多大的影响。因此不严格考虑桩土接触界面的透水性对于计算来说是合理的。

根据 Muki 和 Sternberg[56,57] 及 Pak 和 Jennings[109] 方法，该问题的解可由两部分组成：扩展的半空间饱和土体和虚拟桩，如图 5-2 所示。扩展的半空间饱和土体满足 Biot 理论方程，而虚拟桩可视为一维弹性杆的振动。

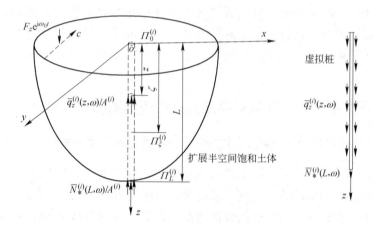

图 5-2 移动荷载作用下饱和土体-桩体系的分解

由文献 [56，57] 可知，第 i 根虚拟桩的弹性杨氏模量 $E_{p*}^{(i)}$ 和密度 $\rho_{p*}^{(i)}$ 为：

$$E_{p*}^{(i)} = E_p^{(i)} - E_s, \quad \rho_{p*}^{(i)} = \rho_p^{(i)} - \rho, \quad i = 1,2,\cdots,m \tag{5-1}$$

式中 $E_{p*}^{(i)}$，$\rho_{p*}^{(i)}$——第 i 虚拟桩的弹性杨氏模量和密度；

$E_p^{(i)}$，E_s——分别为第 i 根桩和饱和土体的弹性杨氏模量和密度，且：

$$E_s = \mu(3\lambda + 2\mu)/(\lambda + \mu)$$

$\rho_p^{(i)}$，ρ——第 i 根层中土体的密度。

如图 5-2 所示，记第 i 根虚拟桩的轴力为 $\overline{N}_*^{(i)}(z,\omega)$，桩侧沿桩身分布的竖向荷载为 $\overline{q}_z^{(i)}(z,\omega)$。桩顶端、底部所受荷载为 $\overline{N}_*^{(i)}(0,\omega)$，$\overline{N}_*^{(i)}(L,\omega)$。扩展饱和半空间土所受荷载为：$\overline{q}_z^{(i)}(z,\omega)/A^{(i)}$ 在圆形区域 $\Pi_z^{(i)}$ 上的均布荷载；$\overline{N}_*^{(i)}(0,\omega)/A^{(i)}$，$\overline{N}_*^{(i)}(L,\omega)/A^{(i)}$ 为第 i 根桩顶、底部所对应的圆形区域 $\Pi_0^{(i)}$、$\Pi_L^{(i)}$ 上的均布荷载；$A^{(i)}$ 为第 i 根桩的横截面积。

对于第 i 根虚拟桩，位移 $\overline{u}_{zp*}^{(i)}(z,\omega)$、竖向分布力 $\overline{q}_z^{(i)}(z,\omega)$ 和轴力 $\overline{N}_*^{(i)}(z,\omega)$ 满足下列关系：

$$\overline{q}_z^{(i)}(z,\omega) = -\frac{\mathrm{d}\overline{N}_*^{(i)}(z,\omega)}{\mathrm{d}z} + \rho_{p*}^{(i)}A^{(i)}\omega^2\overline{u}_{zp*}^{(i)}(z,\omega) \tag{5-2}$$

$$\overline{u}_{zp*}^{(i)}(z,\omega) = \overline{u}_{zp*}^{(i)}(0,\omega) + \frac{1}{E_{p*}^{(i)}A^{(i)}}\int_0^z \overline{N}_*^{(i)}(\eta,\omega)\mathrm{d}\eta \tag{5-3}$$

式中　$\overline{u}_{zp*}^{(i)}(z,\omega)$——第 i 根虚拟桩的竖向位移。

在第 i 根虚拟桩位置处的，沿 z 轴方向扩展半空间饱和土的竖向应变为两个部分叠加：移动荷载作用下饱和土体的自由波场，虚拟桩-土之间接触反力作用所引起的应变，即：

$$\overline{\varepsilon}_{zs}^{(i)}(z,\omega) = \overline{\varepsilon}_{zf}^{(i)}(z,\omega) + \sum_{j=1}^m \big[\overline{N}_*^{(j)}(0,\omega)\overline{\varepsilon}_z^{(G)}(r_{ij},0,z,\omega) - $$

$$\overline{N}_*^{(j)}(L,\omega)\overline{\varepsilon}_z^{(G)}(r_{ij},L,z,\omega) - \int_0^{L_j}\overline{q}_z^{(j)}(\zeta,\omega)\overline{\varepsilon}_z^{(G)}(r_{ij},\zeta,z,\omega)\mathrm{d}\zeta\big] \tag{5-4}$$

式中　$\overline{\varepsilon}_{zf}^{(i)}(z,\omega)$——移动荷载作用下饱和土体的自由波场，具体表达式可由直角坐标系下移动荷载作用下的基本解可知；

$\overline{\varepsilon}_z^{(G)}(r_{ij},\zeta,z,\omega)$——竖向均布圆形荷载作用在第 j 根虚拟桩所在位置处区域 $\Pi_\zeta^{(j)}$ 引起的第 i 根虚拟桩所在位置处圆形区域 $\Pi_z^{(i)}$ 的竖向应变，具体表达式可由极坐标系下饱和土体内部简谐荷载作用下的基本解可知；

r_{ij}——第 i 根桩与第 j 根桩之间的水平距离，当 $i=j$ 时，$r_{ij}=0$。

桩-土体接触面的协调条件为：沿桩轴向即 z 轴方向任意位置处第 i 根虚拟桩的竖向应变和扩展半空间饱和土同一位置处的竖向应变相等，即：

$$\overline{\varepsilon}_{zp*}^{(i)}(z,\omega) = \overline{\varepsilon}_{zs}^{(i)}(z,\omega), \quad 0 \leqslant z \leqslant L, \quad i=1,2,\cdots,m \tag{5-5}$$

式中　$\overline{\varepsilon}_{zp*}^{(i)}(z,\omega)$——第 i 根虚拟桩的竖向应变。

由式（5-4）、式（5-5）可得：

$$\overline{\varepsilon}_{zs}^{(i)}(z,\omega) = \overline{\varepsilon}_{zf}^{(i)}(z,\omega) - \overline{N}_*^{(i)}(z,\omega)\big[\overline{\varepsilon}_z^{(G)}(r_{ii},z^+,z,\omega) - $$

$$\overline{\varepsilon}_z^{(G)}(r_{ii},z^-,z,\omega)\big] - \int_0^{L_i}\overline{N}_*^{(i)}(z,\omega)\frac{\partial\overline{\varepsilon}_z^{(G)}(r_{ii},\zeta,z,\omega)}{\partial\zeta}\mathrm{d}\zeta + $$

$$\rho_{p*}^{(i)}A^{(i)}\omega^2\int_0^{L_i}\overline{u}_{zp*}^{(i)}(\zeta,\omega)\overline{\varepsilon}_z^{(G)}(r_{ii},\zeta,z,\omega)\mathrm{d}\zeta + $$

$$\sum_{j=1}^{m(j\neq i)}\left[-\int_0^{L_j}\overline{N}_*^{(j)}(\zeta,\omega)\frac{\partial\overline{\varepsilon}_z^{(G)}(r_{ij},\zeta,z,\omega)}{\partial\zeta}\mathrm{d}\zeta+\right.$$

$$\left.\rho_{p*}^{(j)}A^{(j)}\omega^2\int_0^{L_j}\overline{u}_{zp*}^{(j)}(\zeta,\omega)\overline{\varepsilon}_z^{(G)}(r_{ij},\zeta,z,\omega)\mathrm{d}\zeta\right]$$

$$i=1,2,\cdots,m \tag{5-6}$$

式中　$\overline{\varepsilon}_z^{(G)}(r_{ii},z^-,z,\omega),\overline{\varepsilon}_z^{(G)}(r_{ii},z^+,z,\omega)$——作用在圆形区域 $\Pi_\xi^{(i)}$ 的竖向均布
荷载从上、下部无限趋近于 $\Pi_z^{(i)}$
处的竖向应变,具体表达式可由
极坐标系下饱和土体内部简谐荷
载作用下的基本解可知。

由式(5-2)~式(5-6)可得,第 i 根桩-饱和土体相互作用的第二类 Fredholm
积分方程为:

$$\frac{\overline{N}_*^{(i)}(z,\omega)}{E_{p*}^{(i)}A^{(i)}}+\overline{N}_*^{(i)}(z,\omega)\left[\overline{\varepsilon}_z^{(G)}(r_{ii},z^+,z,\omega)-\overline{\varepsilon}_z^{(G)}(r_{ii},z^-,z,\omega)\right]+$$

$$\sum_{j=1}^m\left[\int_0^{L_j}\overline{N}_*^{(j)}(\zeta,\omega)\frac{\partial\overline{\varepsilon}_z^{(G)}(r_{ij},\zeta,z,\omega)}{\partial\zeta}\mathrm{d}\zeta-\int_0^{L_j}\overline{N}_*^{(j)}(\zeta,\omega)\overline{\chi}_{ij}^{(a)}(\zeta,z,\omega)\mathrm{d}\zeta-\right.$$

$$\left.\overline{u}_{zp*}^{(j)}(0,\omega)\overline{\chi}_{ij}^{(b)}(z,\omega)\right]=\overline{\varepsilon}_{zf}^{(i)}(z,\omega),\quad i=1,2,\cdots,m \tag{5-7}$$

其中　　　　　$\overline{\chi}_{ij}^{(a)}(\zeta,z,\omega)=(\rho_{p*}^{(j)}\omega^2/E_{p*}^{(j)})\int_\zeta^{L_j}\overline{\varepsilon}_z^{(G)}(r_{ij},\eta,z,\omega)\mathrm{d}\eta$

$$\overline{\chi}_{ij}^{(b)}(z,\omega)=\rho_{p*}^{(j)}A^{(j)}\omega^2\int_0^{L_j}\overline{\varepsilon}_z^{(G)}(r_{ij},\eta,z,\omega)\mathrm{d}\eta$$

值得注意的是 $\overline{\varepsilon}_z^{(G)}(r_{ii},z^+,z,\omega),\overline{\varepsilon}_z^{(G)}(r_{ii},z^-,z,\omega)$ 与 z 坐标有关,而 $\overline{\varepsilon}_z^{(G)}(r_{ii},z^+,z,\omega)-\overline{\varepsilon}_z^{(G)}(r_{ii},z^-,z,\omega)$ 与 z 坐标无关:

$$\overline{\varepsilon}_z^{(G)}(r_{ii},z^+,z,\omega)-\overline{\varepsilon}_z^{(G)}(r_{ii},z^-,z,\omega)=\frac{1}{(\lambda+2\mu)A^{(i)}} \tag{5-8}$$

利用相同的方法,可得到第 i 根桩顶位置处扩展层中饱和土体的竖向位移:

$$\bar{u}_{zs}(\boldsymbol{x}_\perp,0,\omega) = \bar{u}_{zf}(\boldsymbol{x}_\perp,0,\omega) + \sum_{j=1}^m \Big[-\int_0^{L_j} \overline{N}_*^{(j)}(\zeta,\omega)\frac{\partial \bar{u}^{(G)}(r_{x_\perp j},\zeta,0,\omega)}{\partial \zeta}\mathrm{d}\zeta +$$

$$\rho_{p*}^{(j)} A^{(j)}\omega^2 \int_0^{L_j} \bar{u}_{zp*}^{(j)}(\zeta,\omega)\,\bar{u}^{(G)}(r_{x_\perp j},\zeta,0,\omega)\mathrm{d}\zeta\Big] \tag{5-9}$$

式中　　$\bar{u}_{zf}^{(S)}(\boldsymbol{x}_\perp,0,\omega)$——由移动荷载引起的第 i 根桩顶位置处扩展层中饱和土体的竖向位移，具体表达式可由直角坐标系下移动荷载作用下饱和土体基本解可知；

　　　　$\bar{u}^{(G)}(r_{x_\perp j},\zeta,0,\omega)$——竖向均布的圆形荷载作用在第 j 根虚拟桩所在位置处区域 $\varPi_\xi^{(j)}$ 引起的第 i 根虚拟桩所在位置处圆形区域 $\varPi_z^{(i)}$ 的竖向位移，具体表达式可由极坐标系下饱和土体内部简谐荷载作用下的基本解可知。

　　式（5-7）中，桩顶的竖向位移 $\bar{u}_{zp*}^{(i)}(0,\omega)$ 是未知的，可根据桩顶处的位移与扩展饱和土体表面处的位移相等作为补充方程求得，即：

$$\bar{u}_{zs*}^{(i)}(0,\omega) = \bar{u}_{zp*}^{(i)}(0,\omega) \tag{5-10}$$

则 $\bar{u}_{zp*}^{(i)}(0,\omega)$ 为：

$$\sum_{j=1}^m \Big[-\int_0^{L_j} \overline{N}_*^{(j)}(\zeta,\omega)\frac{\partial \bar{u}^{(G)}(r_{ij},\zeta,0,\omega)}{\partial \zeta}\Big]\mathrm{d}\zeta + \sum_{j=1}^m \int_0^{L_j} \overline{N}_*^{(j)}(\zeta,\omega)\bar{\chi}_{ij}^{(c)}(\zeta,z,\omega)\mathrm{d}\zeta +$$

$$\sum_{j=1}^m \bar{u}_{zp*}^{(j)}(0,\omega)\Big[\bar{\chi}_{ij}^{(d)}(z,\omega) - \delta_{ij}\Big] = -\bar{u}_{zf}^{(i)}(0,\omega)\,,\,i=1,2,\cdots,m \tag{5-11}$$

其中　　　　　　$\bar{\chi}_{ij}^{(c)}(\zeta,z,\omega) = \dfrac{\rho_{pj*}^{(j)}\omega^2}{E_{pj*}^{(j)}}\int_\zeta^{L_j}\bar{u}^{(G)}(r_{ij},\eta,z,\omega)\mathrm{d}\eta$

$$\bar{\chi}_{ij}^{(d)}(z,\omega) = \rho_{p*}^{(j)} A^{(j)}\omega^2 \int_0^{L_j}\bar{u}^{(G)}(r_{ij},\eta,z,\omega)\mathrm{d}\eta$$

5.1.2　数值验算与算例分析

　　值得指出的是在本节中对积分方程（5-7）的离散的计算方法同 5.1.1 节，并且在后续的数值计算分析中，对于评价排桩隔振效果的竖向位移幅值减小比 A_r、平均幅值减小比 A_{rv} 同 5.1.1 节定义相同。

5.1.2.1　数值验算

　　考察单排埋入均质饱和土体作为隔振系统，振源是竖向移动的矩形分布简谐荷载，移动荷载的速度为 c，振动频率 $f = 50$Hz，沿 y 轴的负方向移动，荷载运动的轨迹线与轴的距离为 D_s，如图 5-1 所示。移动荷载分布区域为 $2a \times 2b = 0.8\text{m} \times 0.8\text{m}$，荷载强度为 $q_F = 200$kN。采用排桩作为隔振系统。排桩总数为 $N_p = \sum_{k=1}^{K} n_k = 8$，其中 $K = 1$ 为排数，$n_1 = 8$ 为第 $k = 1$ 排的桩根数。每根桩有相同的直径 $d = 1.0\text{m}(d = 2R)$、桩长 $L = 5.0\text{m}$、杨氏模量 $E_p = 4.526 \times 10^{10}$N/m^2、密度 $\rho_p = 2.35 \times 10^3$kg/m^3，相邻的两根桩之间的距离为 $d_s = 0.5$m。文献 [94] 采用边界元法分析了单排 8 根的排桩在弹性土体中对简谐荷载振源的隔振效果。为了与该文献结果比较，若饱和土体的参数 M、a_∞、α、b_p、ϕ、ρ_f 趋近于 0，则饱和土体的解退化为均质的弹性土体解。值得注意的是，当参数 M、a_∞、α、b_p、ϕ、ρ_f 趋近于 0，采用亨克尔逆变换求解基本解时，在积分路径上会出现奇异现象，难以得到积分解。对此，有研究者把弹性土体的 Lame 常量 λ、μ 用复数来表示，即考虑实际土体的凝滞性，弹性土体转化为黏弹性土体。采用 $\mu = \mu_0(1 + i\beta_s)$，$\lambda = \lambda_0(1 + i\beta_s)$，其中 β_s 表示土体的黏阻尼。在计算中，退化的均质饱和土体的参数为 $\mu_0 = 1.32 \times 10^8$N/m^2，$\lambda_0 = 1.32 \times 10^8$N/m^2，$\rho_s = 1.75 \times 10^3$kg/m^3，$\beta_s = 0.05$。由文献 [94] 可知，退化的饱和土体中瑞利波长值为 $\lambda_R = 5.0$m。另外，若荷载速度趋近于 0，则移动荷载可作为简谐振动载荷，在计算中，$c = 0.0001$m/s。

退化的均质弹性土体中单排 8 根桩对荷载速度 $c = 0.0001$m/s 移动到观察点 $(-7.5\text{m}, 0\text{m}, 0\text{m})$ 时，桩一侧的饱和土体表面竖向位移的振幅比如图 4-19 所示。根据计算，$A_{rv} = 0.718$，而文献 [93] 中 $A_{rv} = 0.712$。结果相差 0.842%，在计算误差范围内。

5.1.2.2 饱和土体中单排桩对移动荷载隔振效果研究

A 荷载的移动速度 c 对隔振效果的影响

考察荷载速度 $c = 0.2v_{SH}$，$c = 0.5v_{SH}$，$c = 0.7v_{SH}$ 时，单排桩对移动荷载的屏障隔振效果，其中 $v_{SH} = \sqrt{\mu/\rho}$。振源是竖向移动的矩形分布简谐荷载，移动荷载的速度为 c，振动频率 $f = 50$Hz，沿 y 轴的负方向移动，荷载运动的轨迹线与轴线距离为 $D_s = 7.5$m，如图 5-1 所示。移动荷载分布区域为 $2a \times 2b = 0.8\text{m} \times 0.8\text{m}$，荷载强度为 $q_F = 200$kN。排桩的排数 $K = 1$，该排的桩数为 $n_1 = 10$。饱和土体参数：$\mu = 1.32 \times 10^8$N/m^2，$\lambda = 1.32 \times 10^8$N/m^2，$M = 1.0 \times 10^{11}$N/m^2，$\rho_s = 2.0 \times 10^3$kg/m^3，$\rho_f = 1.0 \times 10^3$kg/m^3，$\phi = 0.4$，$\alpha = 0.97$，$b_p = 1.9 \times 10^7kg/m^3 \cdot$s，$a_\infty = 3.0$。桩的参数：$d = 1.0$m，$L = 10.0$m，$E_p = 3.3 \times 10^{10}$N/m^2，$\rho_p = 2.4 \times 10^3$kg/m^3，相邻的两根桩之间的距离为 $d_s = 0.5$m。

当荷载速度 $c = 0.2v_{SH}$、$c = 0.5v_{SH}$、$c = 0.7v_{SH}$ 时，采用单排排桩埋入饱和土

体作为屏障隔振后，移动荷载经过观察点$(x,y,z)=(-7.5m,0m,0m)$时单排桩一侧的饱和土体表面竖向位移的振幅比如图5-3所示。当荷载以不同荷载速度$c=0.2v_{SH}$、$c=0.5v_{SH}$、$c=0.7v_{SH}$到达观察点$(x,y,z)=(-7.5m,0m,0m)$时，竖向位移的振幅比A_r在不同范围的变化情况如图5-4所示。在同一时刻不同荷载速度时，竖向位移的振幅比A_r在区域$0\leqslant x/\lambda_R\leqslant2$变化情况如图5-5所示。

从图5-3及图5-4可知，不同的荷载速度c下，移动荷载经过观察点

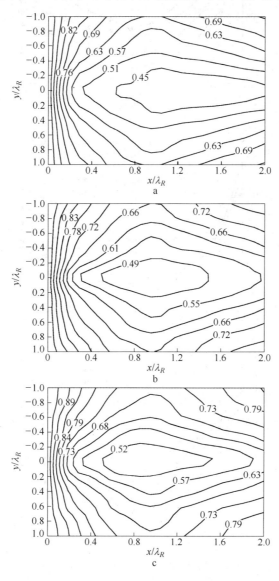

图5-3 移动荷载速度对饱和土体表面竖向位移振幅比A_r等值线图的影响

a—$c=0.2v_{SH}$；b—$c=0.5v_{SH}$；c—$c=0.7v_{SH}$

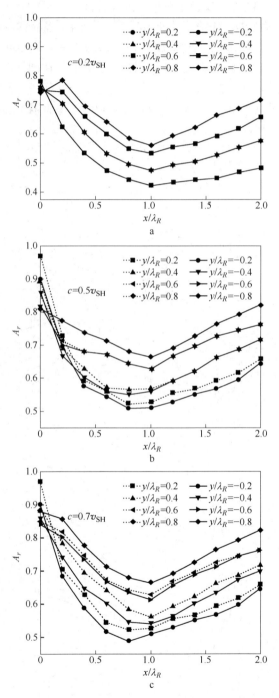

图 5-4   不同荷载速度时，竖向位移的振幅比 A_r 在不同区域的变化情况

a—$c = 0.2v_{SH}$； b—$c = 0.5v_{SH}$； c—$c = 0.7v_{SH}$

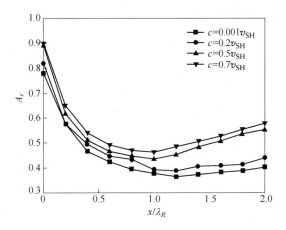

图 5-5 不同荷载速度时，竖向位移的振幅比 A_r 在
区域 $0 \leqslant x/\lambda_R \leqslant 2$ 的变化情况

$(x,y,z) = (-7.5\mathrm{m},0\mathrm{m},0\mathrm{m})$ 时，单排桩一侧饱和土体表面的竖向位移振幅比最小值不同，平均位移振幅比 A_{rv} 也不同。当 $c = 0.001\mathrm{m/s}$ 时，$A_{rv} = 0.595$，在 $x/\lambda_R = 1.05$ 处有位移的振幅比最小值 $A_r = 0.3644$；当 $c = 0.2v_{\mathrm{SH}}$ 时，$A_{rv} = 0.6119$，在 $x/\lambda_R = 0.95$ 处有位移的振幅比最小值 $A_r = 0.3876$；当 $c = 0.5v_{\mathrm{SH}}$ 时，$A_{rv} = 0.6624$，在 $x/\lambda_R = 1.01$ 处有位移的振幅比最小值 $A_r = 0.4352$；当 $c = 0.7v_{\mathrm{SH}}$ 时，$A_{rv} = 0.6985$，在 $x/\lambda_R = 0.9$ 处有位移的振幅比最小值 $A_r = 0.4628$。从计算中可知：随着荷载速度 c 的增大，位移振幅比最小值的位置更接近排桩后侧，而平均位移的振幅比 A_{rv} 随荷载速度 c 增加而增大。从图 5-3c 中还可看出，当荷载速度达到 $c = 0.7v_{\mathrm{SH}}$ 时，观察点 $(x,y,z) = (-7.5\mathrm{m},0\mathrm{m},0\mathrm{m})$ 两侧区域的隔振效果不再关于 x 轴对称；而在 $0.2 \leqslant y/\lambda_R \leqslant 0.4$、$x/\lambda_R = 0$ 区域的隔振效果明显好于 $-0.4 \leqslant y/\lambda_R \leqslant -0.2$、$x/\lambda_R = 0$ 区域。在情况 $c = 0.2v_{\mathrm{SH}}$、$c = 0.5v_{\mathrm{SH}}$ 中未出现类似现象（图 5-3a、图 5-3b）。

B 排桩土杨氏模量比对隔振的影响

排桩的杨氏模量 E_p 是桩基础设计的重要参照量。因此，考察排桩杨氏模量 E_p 在单排桩对移动荷载振源的屏障隔振效果影响十分必要。在计算中，桩的杨氏模量 E_p 取值为：$E_p/E_s = 15$、$E_p/E_s = 35$、$E_p/E_s = 100$、$E_p/E_s = 200$，其中，$E_s = \mu(3\lambda + 2\mu)/(\lambda + \mu)$。桩的其他参数、饱和土体、振源、隔振排桩参数与上节分析相同。同样考察三种荷载速度 $c = 0.2v_{\mathrm{SH}}$、$c = 0.5v_{\mathrm{SH}}$、$c = 0.7v_{\mathrm{SH}}$ 情况下，单排桩对移动荷载的屏障隔振效果，其中 $v_{\mathrm{SH}} = \sqrt{\mu/\rho}$。

当不同速度的移动荷载经过观察点 $(x,y,z) = (-7.5\mathrm{m},0\mathrm{m},0\mathrm{m})$ 时，不同刚度的排桩对平均竖向位移的振幅比 A_{rv} 的影响如图 5-6 所示。当荷载速度 $c = 0.2v_{\mathrm{SH}}$、$c = 0.5v_{\mathrm{SH}}$、$c = 0.7v_{\mathrm{SH}}$ 时，采用不同刚度的排桩 $E_p/E_s = 15$、$E_p/E_s = 35$、

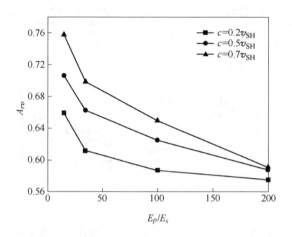

图 5-6　不同荷载速度时，桩土刚度比 E_p/E_s 对
平均竖向位移的振幅比 A_{rv} 的影响

$E_p/E_s = 100$、$E_p/E_s = 200$ 埋入饱和土体作为屏障隔振后，移动荷载经过观察点 $(x,y,z) = (-7.5\mathrm{m}, 0\mathrm{m}, 0\mathrm{m})$ 时，单排桩一侧饱和土体表面竖向位移的振幅比如图 5-7 所示。

从图 5-7 中可知，即使排桩的杨氏模量 E_p 发生较大的变化，其位移的振幅比最小值几乎出现在同一位置。计算结果表明，平均位移的振幅比 A_{rv} 随 E_p/E_s 增加而减小，如：当 $E_p/E_s = 15$ 时，$A_{rv} = 0.636$；当 $E_p/E_s = 35$ 时，$A_{rv} = 0.591$；当 $E_p/E_s = 100$ 时，$A_{rv} = 0.575$；当 $E_p/E_s = 200$ 时，$A_{rv} = 0.557$。由此可知，刚性桩的隔振效果更好。另外，不同荷载速度下，刚度的影响有所不同。如当 E_p/E_s 从 15 增加到 200，A_{rv} 在荷载速度为 $c = 0.2v_{\mathrm{SH}}$、$c = 0.5v_{\mathrm{SH}}$、$c = 0.7v_{\mathrm{SH}}$ 时降低值为 12.7216%、16.8052%、22.0283%，这表明高速时，刚性桩有更好的隔振效果。

C　排桩桩长的影响

本节分析排桩桩长在单排桩对移动荷载振动的屏障隔振效果的影响。算例中，桩长 L 值为：$L = 5.0\mathrm{m}$、$L = 10.0\mathrm{m}$、$L = 20.0\mathrm{m}$、$L = 50.0\mathrm{m}$，桩的其他参数、饱和土体、振源、隔振排桩参数与上节例题相同。同样考察三种荷载速度 $c = 0.2v_{\mathrm{SH}}$、$c = 0.5v_{\mathrm{SH}}$、$c = 0.7v_{\mathrm{SH}}$ 情况下，单排桩对移动荷载的屏障隔振效果，其中 $v_{\mathrm{SH}} = \sqrt{\mu/\rho}$。

当荷载速度 $c = 0.2v_{\mathrm{SH}}$、$c = 0.5v_{\mathrm{SH}}$、$c = 0.7v_{\mathrm{SH}}$ 时，采用不同桩长的排桩 $L = 5.0\mathrm{m}$、$L = 10.0\mathrm{m}$、$L = 20.0\mathrm{m}$、$L = 50.0\mathrm{m}$，埋入饱和土体作为屏障隔振后，移动荷载经过观察点 $(x,y,z) = (-7.5\mathrm{m}, 0\mathrm{m}, 0\mathrm{m})$ 时单排桩一侧饱和土体表面竖向位

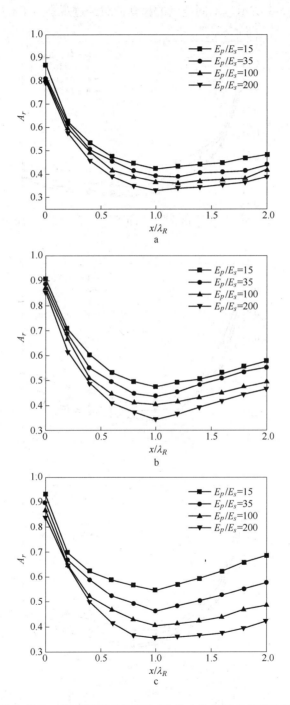

图 5-7 不同荷载速度时，桩土刚度比 E_p/E_s 对饱和土体的竖向位移的振幅比 A_r 的影响

a—$c = 0.2v_{SH}$；b—$c = 0.5v_{SH}$；c—$c = 0.7v_{SH}$

移的振幅比如图 5-8 所示。不同速度的移动荷载经过观察点 $(x,y,z) = (-7.5\text{m},$

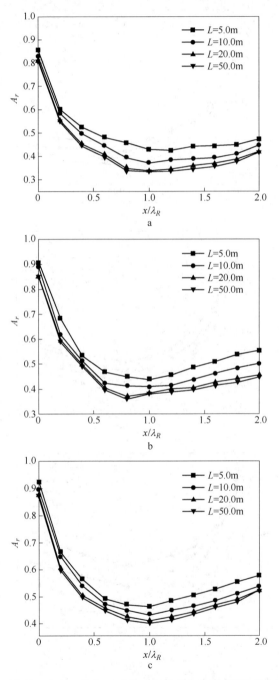

图 5-8　不同荷载速度时，桩长 L 对饱和土体的竖向位移的振幅比 A_r 的影响

a—$c = 0.2v_{SH}$；b—$c = 0.5v_{SH}$；c—$c = 0.7v_{SH}$

0m,0m) 时，桩长对竖向位移平均振幅比 A_{rv} 变化情况如图 5-9 所示。

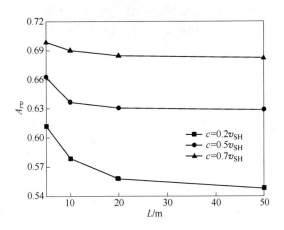

图 5-9　不同荷载速度时，桩长对排桩对平均
竖向位移的振幅比 A_{rv} 的影响

数值结果表明：在不同桩长 L 值下，单排桩一侧的饱和土体表面竖向平均位移的振幅比 A_{rv} 不同。当 $L = 5.0 \mathrm{m}$、$L = 10.0 \mathrm{m}$、$L = 20.0 \mathrm{m}$、$L = 50.0 \mathrm{m}$ 时，A_{rv} 分别为：0.628、0.591、0.547、0.541。从计算结果可知：排桩桩长在单排桩对移动荷载引起振动的屏障隔振效果中有较明显的影响。尤其当 $L/\lambda_R \leqslant 3$ 时，另外若 $L/\lambda_R > 3$ 后，再增加排桩桩长，在单排桩屏障隔振效果中的影响就不明显了，这与文献 [97] 中的结论相同。

从图 5-8 可知，排桩桩长在单排桩对移动荷载振动的屏障隔振效果中有较明显的影响。但当桩长超过一定值时，桩长的影响效果就比较小，如对于荷载速度 $c = 0.2 v_{\mathrm{SH}}$ 时，当 L/λ_R 大于 2.0 后，增加桩长对隔振效果没有明显改进，因此，最佳隔振桩长值为 $2.0 : 3.0 \lambda_R$；对于荷载速度为 $c = 0.5 v_{\mathrm{SH}}$、$c = 0.7 v_{\mathrm{SH}}$ 时，当 L/λ_R 大于 1.5 后，增加桩长对隔振效果没有明显改进。因此，三种荷载速度的最佳隔振桩长值为 $1.0 : 1.5 \lambda_R$。主要原因是移动荷载引起饱和土体表面的振动主要是由于瑞利波在饱和土体中的传播引起，因此，排桩长度必须足够长，并且大于瑞利波长。文献 [97] 中已有相同的结论。

D　相邻两根桩间距 d_s 的影响

排桩隔振设计中，相邻两根桩间距 d_s 是重要的考虑因素。算例中，相邻两根桩间距 d_s 值为：$d_s = 0.5 \mathrm{m}$、$d_s = 1.0 \mathrm{m}$、$d_s = 2.0 \mathrm{m}$，桩的其他参数以及饱和土体、振源、隔振排桩参数与上节算例相同。同样考察三种荷载速度 $c = 0.2 v_{\mathrm{SH}}$、$c = 0.5 v_{\mathrm{SH}}$、$c = 0.7 v_{\mathrm{SH}}$ 情况下，单排桩对移动荷载的屏障隔振效果，其中 $v_{\mathrm{SH}} = \sqrt{\mu/\rho}$。

当荷载速度 $c = 0.2 v_{\mathrm{SH}}$、$c = 0.5 v_{\mathrm{SH}}$、$c = 0.7 v_{\mathrm{SH}}$ 时，采用不同桩间距 $d_s = 0.5 \mathrm{m}$、

$d_s = 1.0\text{m}$、$d_s = 2.0\text{m}$，排桩埋入饱和土体作为屏障隔振，移动荷载经过观察点 $(x, y, z) = (-7.5\text{m}, 0\text{m}, 0\text{m})$ 时单排桩一侧的饱和土体表面竖向位移的振幅比如图 5-10 所示。同一时刻的不同荷载速度时，相邻两根桩间距 d_s 对竖向位移平均振幅比 A_{rv} 的影响如图 5-11 所示。

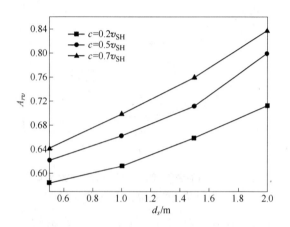

图 5-10 不同荷载速度时，桩间距 d_s 对平均竖向位移的振幅比 A_{rv} 的影响

图 5-10 表明，单排桩对移动荷载振源的屏障隔振效果随相邻两根桩间距 d_s 的增加而降低。当 $d_s = 0.5\text{m}$、$d_s = 1.0\text{m}$、$d_s = 2.0\text{m}$ 时，$A_{rv} = 0.591$、$A_{rv} = 0.631$、$A_{rv} = 0.662$。由此可知，小间距的排桩隔振效果更好。图 5-11 表明，随着相邻两根桩间距 d_s 增加，排桩对移动荷载引起饱和土体振动的屏障隔振效果而降低。当 $d_s = 0.5\text{m}$ 增加到 2.0m 时，对于荷载速度 $c = 0.2v_{SH}$、$c = 0.5v_{SH}$、$c = 0.7v_{SH}$，A_{rv} 分别增加值为 4.8%、6.54%、8.8%。由此可知，小间距的排桩隔振效果更好，并且排桩间距对高速荷载引起振动的隔振效果比低速时更为显著。

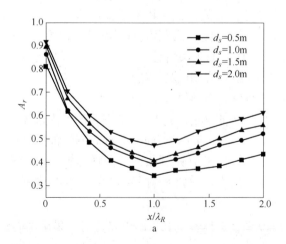

a

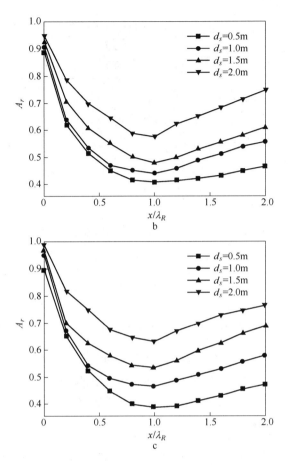

图 5-11 不同荷载速度时，桩间距 d_s 对饱和土体的竖向位移振幅比 A_r 的影响

a—$c = 0.2v_{SH}$；b—$c = 0.5v_{SH}$；c—$c = 0.7v_{SH}$

5.2 层状饱和土体中排桩对移动荷载振源的隔振效果研究

5.2.1 移动荷载作用下层状饱和土体-排桩体系的第二类 Fredholm 积分方程

移动荷载作用下层状饱和土体-排桩体系计算模型如图 5-12 所示，振源为竖向移动的矩形分布移动简谐荷载，移动荷载的速度为 c，振动频率 ω_0，沿 y 轴的负方向移动，荷载运动的轨迹线与轴线距离为 D_s，移动荷载分布区域为 $2a \times 2b$。采用排桩作为隔振系统。排桩总数为 $N_p = \sum_{k=1}^{K} n_k$，其中，K 为排数；n_k 为第 k 排的桩根数。每根桩的直径 $d(d = 2a)$、桩长 L、杨氏模量 E_p、密度 ρ_p 相同，相邻的两根桩之间的距离为 d_s，相邻的两排桩之间的距离为 d_r。

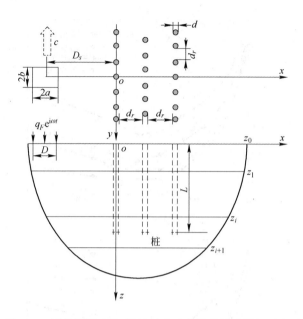

图 5-12 层状饱和土体-排桩对移动荷载的振动隔振示意图

根据 Muki 和 Sternberg[56,57] 及 Pak 和 Jennings[109] 方法，该问题的解可由两部分组成：扩展的半空间层状饱和土体和虚拟桩，如图 5-13 所示。扩展的半空间层状饱和土体满足 Biot 理论方程，而虚拟桩可视为一维弹性杆的振动。

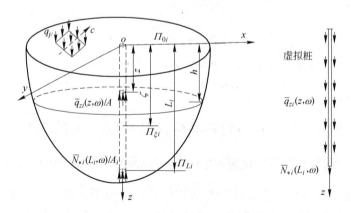

图 5-13 层状饱和土体-桩体系的分解为扩展层状饱和土体和虚拟桩

考虑到桩-土接触面的透水性对桩的响应影响不大，因此在计算过程中认为桩是完全透水的[110]。为分析问题的方便，只考虑两层饱和土体与桩动力作用的第二类 Fredholm 积分方程，对于任意多层的饱和土体，可用相同的方法得到。

如图5-13所示，记第 i 根虚拟桩的轴力为 $\overline{N}_{*i}(z,\omega)$，桩侧沿桩身分布的竖向荷载为 $\overline{q}_{zi}(z,\omega)$，桩顶端、底部所受荷载分别为 $\overline{N}_{*i}(0)$、$\overline{N}_{*i}(L)$；扩展层状饱和半空间土所受荷载为 $\overline{q}_{zi}(z,\omega)$，在圆形区域 Π_{zj} 上的均布荷载；$\overline{N}_{*i}(0,\omega)$、$\overline{N}_{*i}(L_i,\omega)$ 为第 i 根桩顶、底部所对应的圆形区域 Π_{0i}、Π_{Li} 的均布荷载；其中 $A_i = \pi R^2$ 为第 i 根桩的横截面积。

上标1、2分别表示土体的上、下层。相应的上层饱和土体的 Lame 常量、密度为 $\lambda^{(1)}$、$\mu^{(1)}$、$\rho^{(1)}$；土层厚度为 h；下层半无限饱和土体的 Lame 常量、密度为 $\lambda^{(2)}$、$\mu^{(2)}$、$\rho^{(2)}$。

由文献［56，57］可知，第 i 根虚拟桩分为两部分，每部分的杨氏模量及密度为：

$$E_{p*i}^{(1)} = E_{pi} - E_s^{(1)}, \quad \rho_{p*i}^{(1)} = \rho_{pi} - \rho^{(1)}, \quad i = 1,2,\cdots,N_p \tag{5-12a}$$

$$E_{p*i}^{(2)} = E_{pi} - E_s^{(2)}, \quad \rho_{p*i}^{(2)} = \rho_{pi} - \rho^{(2)}, \quad i = 1,2,\cdots,N_p \tag{5-12b}$$

式中 E_{pi}，$E_s^{(k)}$——第 i 根虚拟桩、层状饱和土体的杨氏模量（$k = 1$，2），且：

$$E_s^{(k)} = \mu^{(k)}(3\lambda^{(k)} + 2\mu^{(k)})/(\lambda^{(k)} + \mu^{(k)}), \quad k = 1,2$$

ρ_{pi}，$\rho^{(k)}$——第 i 根虚拟桩、层状饱和土体的密度（$k = 1$，2）。

对第 i 根虚拟桩的位移 $\overline{u}_{z*i}^p(z,\omega)$、竖向分布力 $\overline{q}_{zi}(z,\omega)$ 和轴力 $\overline{N}_{*i}(z,\omega)$ 满足下列关系：

$$\overline{q}_{zi}(z,\omega) = -\frac{\mathrm{d}\overline{N}_{*i}(z,\omega)}{\mathrm{d}z} - \rho_{p*i}(z)A_i\omega^2\overline{u}_{z*i}^p(z,\omega), \quad i = 1,2,\cdots,N_p \tag{5-13}$$

$$\overline{u}_{z*i}^p(z,\omega) = \overline{u}_{z*i}^p(0,\omega) + \int_0^z \frac{\overline{N}_{*i}(\eta,\omega)}{E_{p*i}(\eta)A_i}\mathrm{d}\eta, \quad i = 1,2,\cdots,N_p \tag{5-14}$$

式中 $\overline{u}_{z*i}^p(z,\omega)$——第 i 根虚拟桩的竖向位移。

扩展的半空间层状饱和土体竖向应变由两部分组成：第一部分是移动荷载形成的自由波场，第二部分是由虚拟桩位置处的桩-土相互作用力引起的应变。扩展层状半空间饱和土沿第 i 根虚拟桩位置处的 z 轴方向的竖向应变为：

$$\overline{\varepsilon}_{zi}^s(z,\omega) = \overline{\varepsilon}_{zi}^f(z,\omega) + \sum_{j=1}^{N_p}\left[\overline{N}_{*j}(0,\omega)\overline{\varepsilon}_z^{(G)}(r_{ji},0,z,\omega) - \right.$$

$$\overline{N}_{*j}(L_j,\omega)\,\overline{\varepsilon}_z^{(G)}(r_{ji},L_j,z,\omega) -\int_0^{L_j}\overline{q}_{zj}(\zeta,\omega)\,\overline{\varepsilon}_z^{(G)}(r_{ji},\zeta,z,\omega)\,\mathrm{d}\zeta\,]$$

$$i = 1,2,\cdots,N_p \tag{5-15}$$

式中　　　　　i,j——第 i、j 根桩;

$\overline{\varepsilon}_{zi}^f(z,\omega)$ ——第 i 根桩位置处的自由波场, 具体表达式可由直角坐标系
下层状饱和土体的 TRM 法可知 (可参见第 2 章);

$\overline{\varepsilon}_z^{(G)}(r_{ji},\zeta,z,\omega)$ ——竖向均布的圆形荷载作用在第 j 根虚拟桩所在位置处区域
$\Pi_{\zeta j}$ 引起的第 i 根虚拟桩所在位置处圆形区域 Π_{zi} 的竖向应
变, 如图 5-13 所示, 可由文献 [48] 中关于层状土体内
部受竖向简谐荷载作用的传递、透射矩阵 (TRM) 法
可知;

r_{ji} ——第 j 根桩与第 i 根桩之间的水平距离, 当 $i=j$ 时, $r_{ji}=0$。

由式 (5-14)、式 (5-15) 可得:

$$\overline{\varepsilon}_{zi}^s(z,\omega) = \overline{\varepsilon}_{zi}^f(z,\omega) + \overline{N}_{*i}(z,\omega)\big[\,\overline{\varepsilon}_z^{(G)}(r_{ii},z^+,z,\omega) -$$

$$\overline{\varepsilon}_z^{(G)}(r_{ii},z^-,z,\omega)\,\big] + \sum_{j=1}^{N_p}\Big[-\int_0^{L_j}\overline{N}_{*j}(\zeta,\omega)\,\frac{\partial\overline{\varepsilon}_z^{(G)}(r_{ji},\zeta,z,\omega)}{\partial\zeta}\mathrm{d}\zeta +$$

$$\int_0^{L_j}\rho_{p*j}(\zeta)A_j\omega^2\overline{u}_{z*j}^p(\zeta,\omega)\,\overline{\varepsilon}_z^{(G)}(r_{ji},\zeta,z,\omega)\,\mathrm{d}\zeta\,\Big]$$

$$0\leqslant z<h,h<z\leqslant L_i,i = 1,2,\cdots,N_p \tag{5-16}$$

式中　　$\overline{\varepsilon}_z^{(G)}(r_{ii},z^-,z,\omega),\overline{\varepsilon}_z^{(G)}(r_{ii},z^+,z,\omega)$ ——作用在第 i 根虚拟桩所在位置处
圆形区域 $\Pi_{\zeta i}$ 的竖向均布荷载从
上、下部无限趋近于第 i 根虚拟
桩所在位置处 Π_{zi} 处的竖向应变,
具体表达式可由文献 [48] 中关
于层状土体内部受竖向简谐荷载
作用的传递、透射矩阵 (TRM)
法可知。

考虑到层状饱和土体中沿桩身的轴力不连续, 式 (5-16) 中的积分区间应在
饱和土体分层位置处断开, 其他各式的处理方法相同。

在本节中, 对于桩-层中土体的接触面协调条件为: 沿桩轴向即 z 轴方向任意
位置处第 i 根虚拟桩的竖向应变和扩展层状半空间饱和土同一位置处的竖向应变
相等:

$$\overline{\varepsilon}^{p}_{z*i}(z,\omega) = \overline{\varepsilon}^{s}_{zi}(z,\omega)$$

$$0 \leq z < h, h < z \leq L_i, \quad i = 1,2,\cdots,N_p \tag{5-17}$$

式中　$\overline{\varepsilon}^{p}_{z*i}(z,\omega)$ ——第 i 根虚拟桩的竖向应变。

由式(5-16)及式(5-17)可得到第 i 根桩-层状饱和土体相互作用的第二类 Fredholm 积分方程：

$$\frac{\overline{N}_{*i}(z,\omega)}{E_{p*i}(z)A_i} + \overline{N}_{*i}(z,\omega)\left[\overline{\varepsilon}^{(G)}_{z}(r_{ii},z^+,z,\omega) - \overline{\varepsilon}^{(G)}_{z}(r_{ii},z^-,z,\omega)\right] +$$

$$\sum_{j=1}^{N_p}\left[-\int_0^{L_j}\overline{N}_{*j}(\zeta,\omega)\frac{\partial\overline{\varepsilon}^{(G)}_{z}(r_{ji},\zeta,z,\omega)}{\partial\zeta}\mathrm{d}\zeta + \int_0^{L_j}\frac{\overline{N}_{*j}(\zeta,\omega)}{E_{p*j}(\zeta)}\overline{\chi}^{(a)}_{ji}(\zeta,z,\omega)\mathrm{d}\zeta - \right.$$

$$\left.\overline{\chi}^{(b)}_{ji}(z,\omega)\overline{u}^{p}_{z*j}(0,\omega)\right] = \overline{\varepsilon}^{f}_{zi}(z,\omega), \quad 0 \leq z < h, h < z \leq L_i \tag{5-18}$$

其中

$$\overline{\chi}^{(a)}_{ji}(\zeta,z,\omega) = \int_\zeta^{L_j}\rho_{p*j}(\eta)\omega^2\overline{\varepsilon}^{(G)}_{z}(r_{ji},\eta,z,\omega)\mathrm{d}\eta$$

$$\overline{\chi}^{(b)}_{ji}(z,\omega) = \int_0^{L_j}\rho_{p*j}(\eta)A_j\omega^2\overline{\varepsilon}^{(G)}_{z}(r_{ji},\eta,z,\omega)\mathrm{d}\eta$$

依此类推，排桩后的饱和土体表面竖向位移 $\overline{u}_{zs}(\boldsymbol{x}_\perp,z=0,\omega)$ 为：

$$\overline{u}_{zs}(\boldsymbol{x}_\perp,0,\omega) = \overline{u}^{f}_{zs}(\boldsymbol{x}_\perp,0,\omega) + \sum_{j=1}^{N_p}\left[-\int_0^{L_j}\overline{N}_{*j}(\zeta,\omega)\frac{\partial\overline{U}^{(G)}_{z}(r_{x_\perp j},\zeta,0,\omega)}{\partial\zeta}\mathrm{d}\zeta + \right.$$

$$\left.\int_0^{L_j}\rho_{p*j}(\zeta)A_j\omega^2\overline{u}^{p}_{z*j}(\zeta,\omega)\overline{U}^{(G)}_{z}(r_{x_\perp j},\zeta,0,\omega)\mathrm{d}\zeta\right] \tag{5-19}$$

式中　$\overline{u}^{f}_{zs}(\boldsymbol{x}_\perp,0,\omega)$ ——自由波场解，具体表达式可由直角坐标系下层状饱和土体的 TRM 法可知（可参见第 3 章）；

$\overline{U}^{(G)}_{z}(r_{x_\perp j},\zeta,0,\omega)$ ——竖向均布圆形荷载作用在第 j 根虚拟桩所在位置处区域 $\varPi_{\zeta j}$ 引起的第 i 根虚拟桩所在位置处圆形区域 $\varPi_{zi}$ 的竖向位移，如图 5-13 所示，具体表达式可由文献 [48] 中关于层状土体内部受竖向简谐荷载作用的传递、透射矩阵（TRM）法可知。

式（5-18）中，桩顶的竖向位移 $\overline{u}^{p}_{z*i}(0,\omega)$ 是未知的，可根据桩顶处的位移与扩展饱和土体表面处的位移相等作为补充方程求得，即：

$$\overline{u}^{p}_{z*i}(0,\omega) = \overline{u}^{s}_{zi}(0,\omega) \tag{5-20}$$

对于 $\bar{u}_{zi}^{s}(0,\omega)$，可令 $\boldsymbol{x}_{\perp}$ 与第 i 根桩的位置重合，从式（5-19）、式（5-20）中可得：

$$
\sum_{j=1}^{N_p}\left\{ -\int_0^{L_j}\overline{N}_{*j}(\zeta,\omega)\frac{\partial \overline{U}_z^{(G)}(r_{x_{\perp}j},\zeta,0,\omega)}{\partial\zeta} + \sum_{j=1}^{N_p}\int_0^{L_j}\frac{\overline{N}_{*j}(\zeta,\omega)}{E_{p*j}(\zeta)}\bar{\chi}_{ji}^{(c)}(\zeta,0,\omega)\mathrm{d}\zeta + \right.
$$

$$
\left. \sum_{j=1}^{N_p}\bar{u}_{z*j}^p(0,\omega)\times\left[\bar{\chi}_{ji}^{(d)}(0,\omega)-\delta_{ij}\right]\right\} = -\bar{u}_{zi}^f(0,\omega), \quad i=1,2,\cdots,N_p \quad (5\text{-}21)
$$

其中

$$
\bar{\chi}_{ji}^{(c)}(\zeta,z,\omega) = \int_\zeta^{L_j}\rho_{p*j}(\eta)\omega^2\overline{U}_z^{(G)}(r_{ji},\eta,z,\omega)\mathrm{d}\eta
$$

$$
\bar{\chi}_{ji}^{(d)}(z,\omega) = \int_0^{L_j}\rho_{p*j}(\eta)A_j\omega^2\overline{U}_z^{(G)}(r_{ji},\eta,z,\omega)\mathrm{d}\eta
$$

5.2.2　数值验证与算例分析

在后续的数值计算分析中，对于评价排桩隔振效果的幅值减小比 A_r、平均幅值减小比 A_{rv} 的定义与第 5.1.1 节相同。

5.2.2.1　数值验证

考察单排桩埋入两层饱和土体作为隔振系统，振源是竖向移动的矩形分布简谐荷载，移动荷载的速度为 c，振动频率 $f=50\mathrm{Hz}$，沿 y 轴的负方向移动，荷载运动的轨迹线与轴线距离为 D_s，如图 5-12 所示。移动荷载分布区域为 $2a\times 2b=0.8\mathrm{m}\times0.8\mathrm{m}$，荷载强度为 $q_F=200\mathrm{kN}$。采用排桩作为隔振系统，排桩总数为 $N_p=\sum_{k=1}^{K}n_k=8$，其中 $K=1$ 为排数，$n_1=8$ 为第 $k=1$ 排的桩根数。每根桩有相同的直径 $d=1.0\mathrm{m}(d=2a)$、桩长 $L=5.0\mathrm{m}$、杨氏模量 $E_p=4.526\times10^{10}\mathrm{N/m^2}$、密度 $\rho_p=2.35\times10^3\mathrm{kg/m^3}$，相邻的两根桩之间的距离为 $d_s=0.5\mathrm{m}$。层状土体模型为：上层土体 $h^{(1)}=3.0\mathrm{m}$，位于半空间饱和土体上。文献［94］采用边界元法分析了单排 8 根排桩在弹性土体中对简谐荷载振源的隔振效果。为与该文献结果比较，每层土体的参数设置为相同值，则层状饱和土体的解可与均质的土体的解相同，另外，若饱和土体的参数 M、a_∞、α、b_p、ϕ、ρ_f 趋近于 0，则饱和土体的解退化为均质的弹性土体解。值得注意的是，当参数 M、a_∞、α、b_p、ϕ、ρ_f 趋近于 0，采用亨克尔逆变换求解基本解时，在积分路径上会出现奇异现象，难以得到积分解。对此，把弹性土体的 Lame 常量 λ、μ 用复数来表示，即考虑实际土体的凝滞性，弹性土体转化为黏弹性土体，采用 $\mu=\mu_0(1+\mathrm{i}\beta_s)$，$\lambda=\lambda_0(1+$

$i\beta_s$），其中 β_s 表示土体的黏阻尼。在计算中，退化的层状饱和土体的参数为 $\mu_0^{(1)} = \mu_0^{(2)} = 1.32 \times 10^8 \text{N/m}^2$，$\lambda_0^{(1)} = \lambda_0^{(2)} = 1.32 \times 10^8 \text{N/m}^2$，$\rho_s^{(1)} = \rho_s^{(2)} = 1.75 \times 10^3 \text{kg/m}^3$，$\beta_s = 0.05$。由文献［94］知，退化的饱和土体中瑞利波长值为 $\lambda_R = 5.0\text{m}$。另外，若荷载速度趋近于0，则移动荷载可作为简谐振动载荷，在计算中，$c = 0.0001\text{m/s}$。

退化的均质弹性土体中单排8根桩对荷载速度 $c = 0.0001\text{m/s}$ 移动到观察点（-7.5m，0m，0m）时的一侧的饱和土体表面的竖向位移的振幅比如图4-19所示。根据计算，$A_{rv} = 0.718$，而文献［93］中 $A_{rv} = 0.712$。结果相差0.842%，在计算误差范围内。

5.2.2.2 两层饱和土体中两排桩对移动荷载隔振效果的研究

本节考察土体的不均匀性对振源隔振效果的影响。同时，分析荷载的移动速度 c、桩长 L、杨氏模量 E_p、相邻两根桩的距离 d_s 对排桩隔振效果的影响。

振源是竖向移动的矩形分布简谐荷载，移动荷载的速度为 c，振动频率 f，沿 y 轴的负方向移动，荷载运动的轨迹线与轴线距离为 D_s。移动荷载分布区域为 $2a \times 2b$，荷载强度为 q_F（图5-12）。其参数为：$f = 0.0\text{Hz}$，$2a \times 2b = 0.8\text{m} \times 0.8\text{m}$，荷载集度 $q_F = 100\text{kN}$，与排桩的距离为 $D_s = 3.0\text{m}$；排桩两排，总数为 $N_p = 9 + 8 = 17$，第一排桩根数为9个，第二排桩为8根，即：$K = 2$、$n_1 = 9$、$n_2 = 8$。每根桩有相同的直径 $d(d = 2R)$、桩长 L、杨氏模量 E_p、密度 ρ_p，相邻两根桩之间的距离为 d_s，相邻两排桩间的距离为 d_r。其参数为：$d = 0.5\text{m}$，$L = 10.0\text{m}$，$E_p = 3.0 \times 10^9 \text{Pa}$，$\rho_p = 2.75 \times 10^3 \text{kg/m}^3$，$d_s = 0.5\text{m}$。相邻两排桩的间距为 $d_r = 0.5\text{m}$；两层土体模型为：上层土体位于半空间饱和土体上，分为三种情况：（1）均质土体，$\mu^{(1)} : \mu^{(2)} = 1 : 1$；（2）上硬下软 $\mu^{(1)} : \mu^{(2)} = 5 : 1$；（3）上软下硬，$\mu^{(1)} : \mu^{(2)} = 0.2 : 1$。对每种情况，$h = 3.0\text{m}$，$\lambda^{(1)} = \mu^{(1)}$，$\mu^{(2)} = 2.0 \times 10^7 \text{Pa}$，$\lambda^{(2)} = 2.0 \times 10^7 \text{Pa}$，$M^{(j)} = 2.4 \times 10^8 \text{N/m}^2$，$\rho_s^{(j)} = 2.0 \times 10^3 \text{kg/m}^3$，$\rho_f^{(j)} = 1.0 \times 10^3 \text{kg/m}^3$，$\phi^{(j)} = 0.3$，$\alpha^{(j)} = 0.97$，$b_p^{(j)} = 1.0 \times 10^{10} \text{kg/(m}^3 \cdot \text{s)}$，$a_\infty^{(j)} = 2.0$（$j = 1,2$）。根据文献［95］可知，参考波长为 $\lambda_R = 10.0\text{m}$。

值得指出的是，在下面的分析中，当对某一参数（如：荷载的移动速度 c、桩长 L、杨氏模量 E_p、相邻两根桩的距离 d_s）进行分析时，其他参数保持不变。

A　荷载的移动速度对隔振效果的影响

考察荷载速度 $c = 0.2v_{SH}$、$c = 0.5v_{SH}$、$c = 0.7v_{SH}$ 时，两排桩（$K = 2$、$n_1 = 9$、$n_2 = 8$）在层状饱和土体中的隔振效果，其中 $v_{SH} = \sqrt{\mu^{(2)}/\rho^{(2)}}$。

当荷载速度 $c = 0.2v_{SH}$、$c = 0.5v_{SH}$、$c = 0.7v_{SH}$ 时，采用两排排桩埋入三种情况的层状饱和土体作为屏障隔振后，移动荷载经过观察点 $(x, y, z) = (-3.0\text{m}$，$0\text{m}, 0\text{m})$ 时两排桩一侧的两层饱和土体表面竖向位移的振幅比如图5-14～图5-16

所示。在同一时刻不同荷载速度时，竖向位移的振幅比 A_r 在区域 $0 \leqslant x/\lambda_R \leqslant 2$，$y/\lambda_R = 0$ 的变化情况如图 5-17 所示。

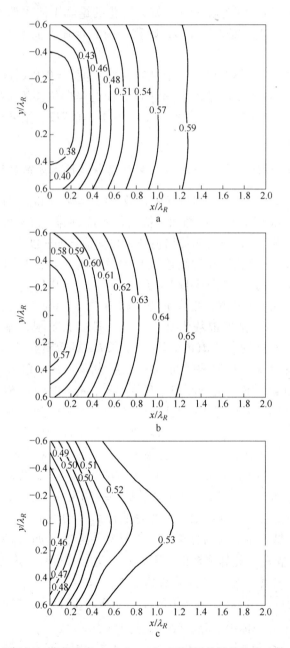

图 5-14 荷载速度 $c = 0.2v_{SH}$ 时，不同层状性的饱和土体

表面竖向位移振幅比 A_r 等值线图

a—$\mu^{(1)} : \mu^{(2)} = 1 : 1$；b—$\mu^{(1)} : \mu^{(2)} = 5 : 1$；c—$\mu^{(1)} : \mu^{(2)} = 0.2 : 1$

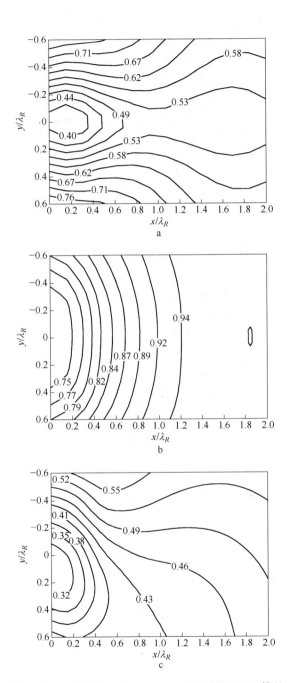

图 5-15　荷载速度 $c = 0.5 v_{SH}$ 时，不同层状饱和土体的
表面竖向位移振幅比 A_r 等值线图

a—$\mu^{(1)} : \mu^{(2)} = 1 : 1$；b—$\mu^{(1)} : \mu^{(2)} = 5 : 1$；c—$\mu^{(1)} : \mu^{(2)} = 0.2 : 1$

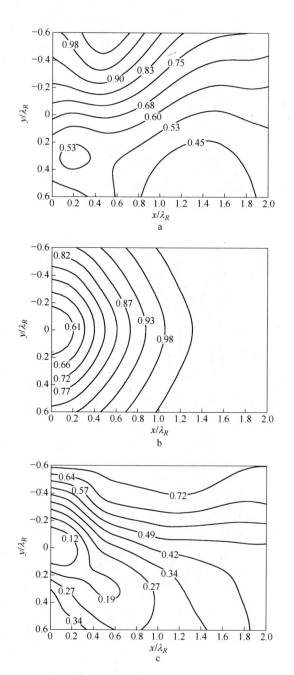

图 5-16 荷载速度 $c = 0.7v_{SH}$ 时，不同层状饱和土体的

表面竖向位移振幅比 A_r 等值线图

$a—\mu^{(1)} : \mu^{(2)} = 1 : 1; b—\mu^{(1)} : \mu^{(2)} = 5 : 1; c—\mu^{(1)} : \mu^{(2)} = 0.2 : 1$

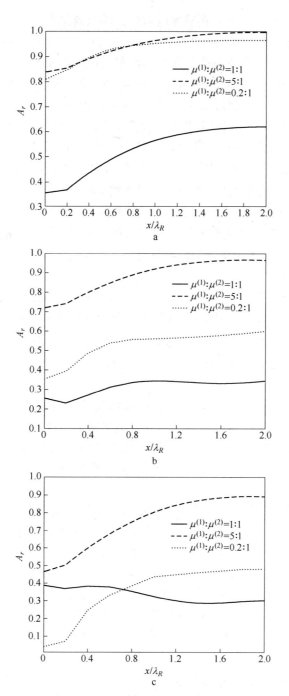

图 5-17 不同荷载速度时，层状饱和土体的竖向位移的振幅比
A_r 在区域 $0 \leqslant x/\lambda_R \leqslant 2$，$y/\lambda_R = 0$ 的变化情况

a—$c = 0.2 v_{SH}$；b—$c = 0.5 v_{SH}$；c—$c = 0.7 v_{SH}$

由图 5-14 ~ 图 5-16 可知：荷载速度对桩的隔振效果有较大的影响。数值结果表明，不同荷载速度下，移动荷载经过观察点 $(x,y,z) = (-3.0\text{m},0\text{m},0\text{m})$ 时，排桩一侧的三种层状饱和土体表面竖向平均位移的振幅比 A_{rv} 不同。当 $c = 0.2v_{\text{SH}}$ 时，$A_{rv1} = 0.535$，$A_{rv2} = 0.633$，$A_{rv3} = 0.517$；当 $c = 0.5v_{\text{SH}}$ 时，$A_{rv1} = 0.598$，$A_{rv2} = 0.8946$，$A_{rv3} = 0.4672$；当 $c = 0.7v_{\text{SH}}$ 时，$A_{rv1} = 0.649$，$A_{rv2} = 0.954$，$A_{rv3} = 0.478$。

从计算结果可知，在相同振源及隔振系统下，情况(3) $(\mu^{(1)} : \mu^{(2)} = 0.2 : 1)$ 的隔振效果比其他两种情况的隔振效果好。另外，当荷载速度 $c < 1.0v_{\text{SH}}$ 时，随着荷载速度的增加，平均位移的振幅比 A_{rv} 会增大，排桩屏障隔振效果降低。从图 5-17a、图 5-17c 中还可知：当荷载速度达到 $c = 0.7v_{\text{SH}}$ 时，在情况 (1) $(\mu^{(1)} : \mu^{(2)} = 1 : 1)$、(3) $(\mu^{(1)} : \mu^{(2)} = 0.2 : 1)$ 中观察点 $(x,y,z) = (-3.0\text{m},0\text{m},0\text{m})$ 的两侧区域的隔振效果不再关于 x 轴对称，而在 $y > 0$ 的区域，隔振效果明显好于 $y < 0$ 区域。在情况 B 中未出现类似现象（图 5-16b）。

B 桩长的影响

考察桩长 $L = 5.0\text{m}$、$L = 10.0\text{m}$、$L = 15.0\text{m}$ 时，对振源移动荷载速度 $c = 0.5v_{\text{SH}}$，两排桩（$K = 2$、$n_1 = 9$、$n_2 = 8$）在层状饱和土体中的隔振效果影响，其中 $v_{\text{SH}} = \sqrt{\mu^{(2)}/\rho^{(2)}}$。振源、层状饱和土体模型及参数、排桩的参数值与上节例题相同。

当 $L = 5.0\text{m}$、$L = 15.0\text{m}$ 时，采用两排排桩埋入三种情况的层状饱和土体作为屏障隔振后，移动荷载以速度 $c = 0.5v_{\text{SH}}$ 经过观察点 $(-3.0\text{m}, 0\text{m}, 0\text{m})$ 时，两排桩一侧的两层饱和土体表面竖向位移振幅比的空间分布情况如图 5-18 和图 5-19 所示。对于 $L = 10.0\text{m}$ 时，移动荷载以相同速度经过相同观察点后，两排桩一侧的两层饱和土体表面竖向位移的振幅比变化情况如图 4-20 所示。同一时刻的不同桩长情况下，竖向位移的振幅比 A_r 在区域 $0 \leqslant x/\lambda_R \leqslant 2$，$y/\lambda_R = 0$ 的变化情况如图 5-20 所示。

数值结果表明，在不同桩长 L 情况下，移动荷载经过观察点 $(x,y,z) = (-3.0\text{m},0\text{m},0\text{m})$ 时，排桩一侧的三种层状饱和土体表面竖向平均位移的振幅比 A_{rv} 不同。当 $L = 5.0\text{m}$ 时，$A_{rv1} = 0.8464$，$A_{rv2} = 0.955$，$A_{rv3} = 0.77$；当 $L = 10.0\text{m}$ 时，$A_{rv1} = 0.598$，$A_{rv2} = 0.8946$，$A_{rv3} = 0.4672$；当 $L = 15.0\text{m}$ 时，$A_{rv1} = 0.414$，$A_{rv2} = 0.687$，$A_{rv3} = 0.409$；从计算结果可知，排桩桩长在屏障隔振效果中有较明显的影响。增加排桩桩长，平均位移的振幅比 A_{rv} 会减小，屏障隔振效果加大，另外，一定桩长时，情况 (3) $(\mu^{(1)} : \mu^{(2)} = 0.2 : 1)$ 的隔振效果比其他两种情况的隔振效果好。

C 相邻两根桩间距 d_s 的影响

相邻两根桩间距值分别取为：$d_s = 0.25\text{m}$、$d_s = 0.5\text{m}$、$d_s = 1.0\text{m}$，振源、隔振系统、层状饱和土体的模型参数与上节计算模型相同。在不同 d_s 时，同一时刻的竖向位移振幅比 A_r 在区域 $0 \leqslant x/\lambda_R \leqslant 2$，$y/\lambda_R = 0$ 的变化情况如图 5-21 所示；

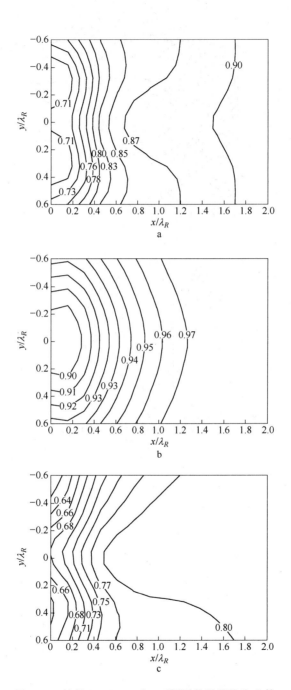

图 5-18 桩长 $L = 5.0\mathrm{m}$ 时，不同层状性的饱和土体
表面竖向位移振幅比 A_r 等值线图

a—$\mu^{(1)}:\mu^{(2)} = 1:1$；b—$\mu^{(1)}:\mu^{(2)} = 5:1$；c—$\mu^{(1)}:\mu^{(2)} = 0.2:1$

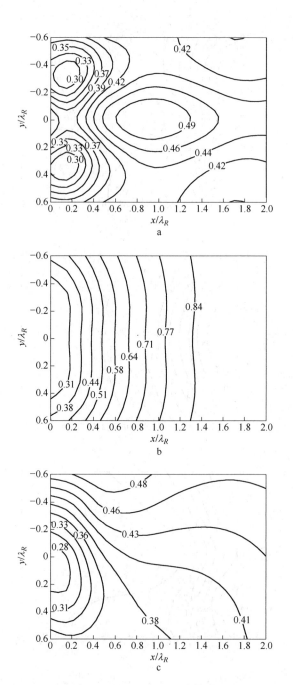

图 5-19 桩长为 $L = 15.0$m 时,不同层状性的饱和土体
表面竖向位移振幅比 A_r 等值线图

a—$\mu^{(1)} : \mu^{(2)} = 1 : 1$; b—$\mu^{(1)} : \mu^{(2)} = 5 : 1$; c—$\mu^{(1)} : \mu^{(2)} = 0.2 : 1$

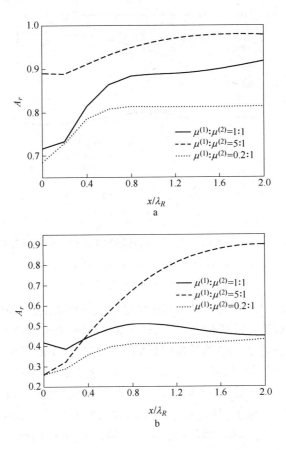

图 5-20 不同桩长 L 时，层状饱和土体的竖向位移的振幅比
A_r 在区域 $0 \leqslant x/\lambda_R \leqslant 2$，$y/\lambda_R = 0$ 的变化情况
a—$L = 5.0\text{m}$；b—$L = 15.0\text{m}$

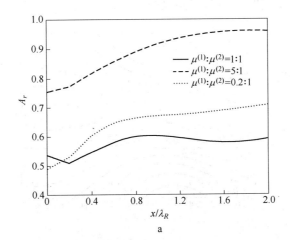

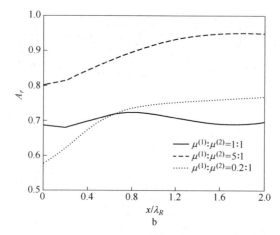

图 5-21 不同桩间距 d_s 时，层状饱和土体的竖向位移振幅比

A_r 在区域 $0 \leqslant x/\lambda_R \leqslant 2$，$y/\lambda_R = 0$ 变化情况

a—$d_s = 0.25\mathrm{m}$；b—$d_s = 1.0\mathrm{m}$

当 $d_s = 0.25\mathrm{m}$、$d_s = 1.0\mathrm{m}$ 时，采用两排排桩埋入三种情况的层状饱和土体作为屏障隔振后，移动荷载经过观察点 $(x,y,z) = (-3.0\mathrm{m},0\mathrm{m},0\mathrm{m})$ 时，两排桩一侧的两层饱和土体表面的竖向位移的振幅比如图 5-22、图 5-23 所示。对于 $d_s = 0.5\mathrm{m}$ 情况下的隔振情况，如图 5-18 所示。计算结果表明：排桩的屏障隔振效果随相邻两根桩间距增加而降低。在不同的 d_s，移动荷载经过观察点 $(x,y,z) = (-3.0\mathrm{m}, 0\mathrm{m},0\mathrm{m})$ 时，排桩一侧的三种层状饱和土体表面竖向平均位移的振幅比 A_{rv} 不同。当 $d_s = 0.25\mathrm{m}$ 时，$A_{rv1} = 0.4957$，$A_{rv2} = 0.4754$，$A_{rv3} = 0.6184$；当 $d_s = 0.5\mathrm{m}$ 时，$A_{rv1} = 0.598$，$A_{rv2} = 0.8946$，$A_{rv3} = 0.4672$；当 $d_s = 1.0\mathrm{m}$ 时，$A_{rv1} = 0.8295$，$A_{rv2} = 0.9086$；$A_{rv3} = 0.726$；从计算结果可知，情况（2）（上软下硬，$\mu^{(1)} : \mu^{(2)} = 0.2 : 1$）的隔振效果较好，而在情况（3）（上硬下软，$\mu^{(1)} : \mu^{(2)} = 5 : 1$）中，需更小的相邻两根桩间距 d_s 才能得到较好的隔振效果。

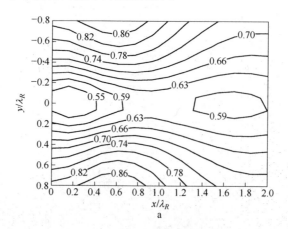

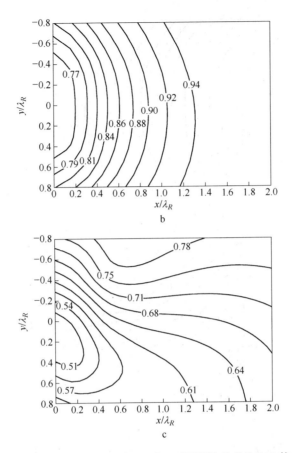

图 5-22 桩间距 $d_s = 0.25\text{m}$ 时，不同层状性的饱和土体

表面竖向位移振幅比 A_r 等值线图

a—$\mu^{(1)} : \mu^{(2)} = 1 : 1$; b—$\mu^{(1)} : \mu^{(2)} = 5 : 1$; c—$\mu^{(1)} : \mu^{(2)} = 0.2 : 1$

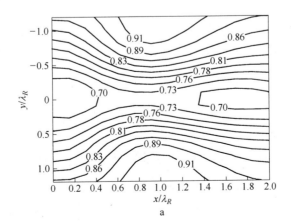

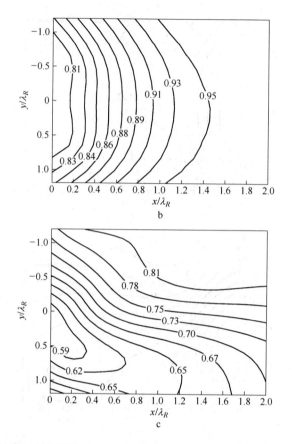

图 5-23 桩间距为 $d_s = 1.0\text{m}$ 时，不同层状性的饱和土体表面
竖向位移振幅比 A_r 等值线图

a—$\mu^{(1)} : \mu^{(2)} = 1 : 1$；b—$\mu^{(1)} : \mu^{(2)} = 5 : 1$；c—$\mu^{(1)} : \mu^{(2)} = 0.2 : 1$

附　　录

附录A　移动集中点荷载作用时频域内基本解

$$\hat{\bar{\bar{u}}}_x(\xi_x,\eta_y,z,\omega) = H(\xi_x,\eta_y,\omega)\gamma_t e^{-\gamma_t z} + i\xi_x B(\xi_x,\eta_y,\omega)e^{-\gamma_f z} +$$

$$i\xi_x D(\xi_x,\eta_y,\omega)e^{-\gamma_s z} - \frac{\eta_y}{\gamma_t}[\xi_x F(\xi_x,\eta_y,\omega) +$$

$$\eta_y H(\xi_x,\eta_y,\omega)]e^{-\gamma_t z} \tag{A-1}$$

$$\hat{\bar{\bar{u}}}_y(\xi_x,\eta_y,z,\omega) = -F(\xi_x,\eta_y,\omega)\gamma_t e^{-\gamma_t z} + i\eta_y B(\xi_x,\eta_y,\omega)e^{-\gamma_f z} +$$

$$i\eta_y D(\xi_x,\eta_y,\omega)e^{-\gamma_s z} + \frac{\xi_x}{\gamma_t}[\xi_x F(\xi_x,\eta_y,\omega) +$$

$$\eta_y H(\xi_x,\eta_y,\omega)]e^{-\gamma_t z} \tag{A-2}$$

$$\hat{\bar{\bar{u}}}_z(\xi_x,\eta_y,z,\omega) = -B(\xi_x,\eta_y,\omega)\gamma_f e^{-\gamma_f z} - D(\xi_x,\eta_y,\omega)\gamma_s e^{-\gamma_s z} -$$

$$i[\eta_y F(\xi_x,\eta_y,\omega) + \xi_x H(\xi_x,\eta_y,\omega)]e^{-\gamma_t z} \tag{A-3}$$

$$\hat{\bar{\bar{p}}}_f(\xi_x,\eta_y,z,\omega) = -B(\xi_x,\eta_y,\omega)e^{-\gamma_f z} - D(\xi_x,\eta_y,\omega)e^{-\gamma_s z} \tag{A-4}$$

$$\hat{\bar{\bar{\sigma}}}_{xx}(\xi_x,\eta_y,z,\omega) = (i\xi_x - \lambda)[B(\xi_x,\eta_y,\omega)e^{-\gamma_f z} + D(\xi_x,\eta_y,\omega)e^{-\gamma_s z}] +$$

$$(2i\mu\xi_x + \eta_y)H(\xi_x,\eta_y,\omega)\gamma_t e^{-\gamma_t z} -$$

$$\frac{\eta_y}{\gamma_t}\xi_x F(\xi_x,\eta_y,\omega)e^{-\gamma_t z} - \alpha p_f \tag{A-5}$$

$$\hat{\bar{\bar{\sigma}}}_{yy}(\xi_x,\eta_y,z,\omega) = (i\eta_y - \lambda k_f^2)[B(\xi_x,\eta_y,\omega)e^{-\gamma_f z} + D(\xi_x,\eta_y,\omega)e^{-\gamma_s z}] +$$

$$\frac{\xi_x}{\gamma_t}\eta_y H(\xi_x,\eta_y,\omega)e^{-\gamma_t z} - (2i\mu\xi_x + \eta_y)$$

$$\gamma_t F(\xi_x,\eta_y,\omega)e^{-\gamma_t z} - \alpha p_f \tag{A-6}$$

$$\hat{\tilde{\sigma}}_{zz}(\xi_x,\eta_y,z,\omega) = (2\mu\gamma_f^2 - \lambda k_f^2)B(\xi_x,\eta_y,\omega)e^{-\gamma_f z} + (2\mu\gamma_s^2 - \lambda k_s^2)$$
$$D(\xi_x,\eta_y,\omega)e^{-\gamma_s z} - 2i\mu\gamma_t\xi_x H(\xi_x,\eta_y,\omega)e^{-\gamma_t z} -$$
$$2i\mu\gamma_t\eta_y F(\xi_x,\eta_y,\omega)e^{-\gamma_t z} - \alpha p_f \qquad (A\text{-}7)$$

$$\hat{\tilde{\sigma}}_{xy}(\xi_x,\eta_y,z,\omega) = \left[\mu\left(i\eta_y - \frac{\eta_y^2}{\gamma_t}\right) + i\xi_x + \frac{\xi_x\eta_y}{\gamma_t}\right]H(\xi_x,\eta_y,\omega)e^{-\gamma_t z} +$$
$$(i\eta_y\xi_x - \xi_x^2)B(\xi_x,\eta_y,\omega)e^{-\gamma_f z} + (i\eta_y\xi_x + \xi_x^2)$$
$$D(\xi_x,\eta_y,\omega)e^{-\gamma_s z} + \left(\frac{\eta_y\xi_x}{\gamma_t} - i\xi_x + i\frac{\xi_x^2}{\gamma_t}\right)$$
$$F(\xi_x,\eta_y,\omega)e^{-\gamma_t z} \qquad (A\text{-}8)$$

$$\hat{\tilde{\sigma}}_{zx}(\xi_x,\eta_y,z,\omega) = (-\mu\gamma_t^2 + \eta_y^2 - i\xi_x^2)H(\xi_x,\eta_y,\omega)e^{-\gamma_t z} +$$
$$(i\mu\xi_x\gamma_f - i\xi_x\gamma_f)B(\xi_x,\eta_y,\omega)e^{-\gamma_f z} +$$
$$(i\mu\xi_x\gamma_s - i\xi_x\gamma_s)D(\xi_x,\eta_y,\omega)e^{-\gamma_s z} +$$
$$(\mu\eta_y\xi_x - i\xi_x\eta_y)F(\xi_x,\eta_y,\omega)e^{-\gamma_t z} \qquad (A\text{-}9)$$

$$\hat{\tilde{\sigma}}_{zy}(\xi_x,\eta_y,z,\omega) = (-\mu\xi_x\eta_y - \xi_x\eta_y)H(\xi_x,\eta_y,\omega)e^{-\gamma_t z} +$$
$$(i\mu\eta_y\gamma_f - i\eta_y\gamma_f)B(\xi_x,\eta_y,\omega)e^{-\gamma_f z} +$$
$$(i\mu\eta_y\gamma_s - i\eta_y\gamma_s)D(\xi_x,\eta_y,\omega)e^{-\gamma_s z} +$$
$$(\mu\gamma_t^2 - i\mu\xi_x^2\eta_y + \eta_y^2)F(\xi_x,\eta_y,\omega)e^{-\gamma_t z} \qquad (A\text{-}10)$$

附录 B   移动集中点荷载作用时基本解系数

$$B(\xi_x,\eta_y,\omega) = \frac{\delta(\omega + c\xi_x)}{\Pi(\xi_x,\omega)} A_s k_s^2 (\xi_x^2 + \eta_y^2 - \gamma_t^2) F_n(\xi_x^2 + \eta_y^2 + \gamma_t^2) \qquad (\text{B-1})$$

$$D(\xi_x,\eta_y,\omega) = \frac{\delta(\omega + c\xi_x)}{\Pi(\xi_x,\omega)} A_f k_f^2 (-\xi_x^2 - \eta_y^2 + \gamma_t^2) F_n(\xi_x^2 + \eta_y^2 + \gamma_t^2) \qquad (\text{B-2})$$

$$F(\xi_x,\eta_y,\omega) = -\mathrm{i}\frac{\delta(\omega + c\xi_x)}{\Pi(\xi_x,\omega)} (2\eta_y\gamma_f + \gamma_s A_f) F_n(-\xi_x^2 - \eta_y^2 + \gamma_t^2) \qquad (\text{B-3})$$

$$H(\xi_x,\eta_y,\omega) = \mathrm{i}\frac{\delta(\omega + c\xi_x)}{\Pi(\xi_x,\omega)} 2\xi_x(\gamma_f - \gamma_s) F_n(\xi_x^2 + \eta_y^2 - \gamma_t^2) \qquad (\text{B-4})$$

$$\begin{aligned}
\Pi(\xi_x,\omega) = {}&(\xi_x^2 + \eta_y^2 - \gamma_t^2)\{A_s k_s^2 \lambda k_f^2(\xi_x^2 + \eta_y^2 + \gamma_t^2) - \\
&2\mu\gamma_f[-2\gamma_t(\xi_x^2 + \eta_y^2) + \gamma_f(\xi_x^2 + \eta_y^2 + \gamma_t^2)]\} \cdot \\
&A_f k_f^2\{-\lambda k_s^2(\xi_x^2 + \eta_y^2 + \gamma_t^2) + \\
&2\mu\gamma_s[-2\gamma_t(\xi_x^2 + \eta_y^2) + \gamma_s(\xi_x^2 + \eta_y^2 + \gamma_t^2)]\} \qquad (\text{B-5})
\end{aligned}$$

附录 C　主要符号表

b_p ——土骨架与流体间的相互作用力

c ——移动荷载速度

c_R ——土体瑞利波速

d ——单桩的直径

d_r ——相邻二排桩距离

d_s ——两桩之间的距离

e ——土骨架体积应变

e_{ijk} ——表示直角坐标系下的置换张量

h ——深度

k ——孔隙介质的动力渗透系数

k_f ——饱和土中压缩快波的复波数

k_s ——饱和土中压缩慢波的复波数

k_t ——饱和土中剪切波的复波数

k_G ——群桩的动力阻抗

k_S ——单桩的动力阻抗

p_f ——孔隙水压力

$q(\cdots)$ ——桩侧竖向荷载

r ——半径

t ——时间

u_i ——土体的平均位移,$i=1,2,3$

u_r ——土骨架径向位移

u_θ ——土骨架切向位移

u_z ——土骨架法向位移

v_{SH} ——剪切波的波速

w_i ——流体的渗透位移,$i=1,2,3$

A ——载荷作用面积

A_f,A_s ——快波和慢波幅值

A_r ——竖向位移幅值减小比

A_{rv} ——竖向位移平均幅值减小比

E_p ——真实桩的弹性模量

E_{p*} ——虚拟桩的弹性模量

E_s ——土骨架颗粒的弹性模量

$E_{\gamma,\beta}(L)$ ——表示一般化 Mittag-Leffler 函数

F_z ——点荷载的强度

$H(\cdots)$ ——Heaviside 阶跃函数

I ——桩截面的转动惯性矩

L ——桩长

$M_i(\cdots)$ ——桩的弯矩,$i=x,y$

$N(\cdots)$ ——桩的轴力

$Q_i(\cdots)$ ——桩的剪力,$i=x,y$

U_i ——流体的平均位移,$i=1,2,3$

α,M ——饱和孔隙介质的 Biot 参数

α_∞ ——孔隙介质弯曲系数

β_s ——黏滞阻尼系数

$\delta(\cdots)$ ——Dirac 广义函数

δ_{ij} ——克罗奈克符号,$i,j=1,2,3$

η ——孔隙介质黏性系数

ε_{ij} ——土体的应变张量,$i,j=1,2,3$

ϕ ——孔隙介质的孔隙率

ϑ ——单位孔隙介质的流体体积增加量

φ_f,φ_s ——快波和慢波的标量势

λ,μ ——土体的 Lame 常数

λ_R ——瑞利波长

ν ——泊松比

ρ ——饱和土体的密度

ρ_f ——流体的密度

ρ_p ——真实桩的密度

ρ_{p*} ——虚拟桩的密度

ρ_s ——饱和土体的土骨架颗粒的密度

σ_{zr} ——径向应力

$\sigma_{z\theta}$ ——切向应力

σ_{zz} ——法向应力

σ_{ij} ——土体的应力，$i,j=1,2,3$

$\theta_x(\cdots)$ ——桩的转角

ω_0 ——荷载初始频率

ω ——振动频率

ξ ——Hankel 变换参数

ξ_x ——表示 $x \to \xi_x$ 的傅里叶变换

η_y ——表示 $y \to \eta_y$ 的傅里叶变换

Π_ζ ——表示在 $z=\zeta$ 位置的横截面

$*$ ——表示卷积算子

∇^2 ——Laplace 算子

— ——上标，表示 $t \to \omega$ 的傅里叶变换

~ ——上标，表示 $x \to \xi_x$ 的傅里叶变换

^ ——上标，表示 $y \to \eta_y$ 的傅里叶变换

参 考 文 献

［1］ HALL L. Simulations and analyses of train-induced ground vibrations, a comparative study of two-and three-dimensional calculations with actual measurements［D］. Sweden: Department of Civil and Environmental Engineering, Royal Institute of Technology, 2000: 95～108.

［2］ 陈云敏, 边学成. 高速交通引起的振动和沉降. 第七届全国土动力学学术会议论文集［C］. 北京: 清华大学出版社, 2006: 11.

［3］ 夏禾. 车辆与结构动力相互作用［M］. 北京: 科学出版社, 2002.

［4］ SHENG X, JONES C J C, PETYT M. Ground vibration generated by a harmonic load acting on a railway track［J］. Journal of Sound and Vibration, 1999, 225: 3～28.

［5］ JONES C J C, SHENG X, PETYT M. Simulations of ground vibration from a moving harmonic load on a railway track［J］. Journal of Sound and Vibration, 2000, 231: 739～751.

［6］ BARROS F C P, LUCO J E. Response of a layered visco-elastic half-space to a moving point load［J］. Wave Motion, 1994, 19: 189～210.

［7］ HUNG H H, YANG Y B. Elastic waves in visco-elastic half-space generated by various vehicle loads［J］. Soil Dynamics and Earthquake Engineering, 2001, 21: 1～17.

［8］ 金波. 受移动简谐力作用的多孔弹性半平面问题［J］. 固体力学学报, 2004, 25: 305～309.

［9］ 金波. 高速荷载下多孔饱和地基上梁的动力响应［J］. 力学季刊, 2004, 25: 168～174.

［10］ AVILES J, SANCHEZ-SESMA F J. Piles as barriers for elastic waves［J］. Journal of Geotechnical Engineering, 1983, 109: 1133～1146.

［11］ 高广运, 杨先健, 王贻荪, 等. 排桩隔振的理论与应用［J］. 建筑结构学报, 1997, 18: 58～69.

［12］ SNEDDON I N. Fourier Transforms［M］. New York: McGraw-Hill Book Company, 1951.

［13］ COLE J, HUTH J. Stress produced in a half-space by moving loads［J］. Journal of Applied Mechanics, 1958; 25: 433～436.

［14］ EASON G. The stresses produced in a semi-infinite solid by a moving surface force［J］. International Journal of Engineering Science, 1965, 2: 581～609.

［15］ ALABI B. A parametric study on some aspects of ground-borne vibrations due to rail traffic［J］. Journal of Sound and Vibration, 1992, 153: 77～87.

［16］ LUCO J E, APSEL R J. On the Green's functions for a layered half-space. Part Ⅰ［J］. Bulletin of the Seismological Society of America, 1983, 73: 909～929.

［17］ GRUNDMANN H, LIEB M, TROMMER E. The response of a layered half-space to traffic loads moving along its surface［J］. Archive of Applied Mechanics, 1999, 69: 55～67.

［18］ LIEB M, SUDRET B. A fast algorithm for soil dynamics calculation by wavelet decomposition［J］. Archive of Applied Mechanics, 1998, 68: 147～157.

［19］ TAKEMIYA H. Simulation of track-ground vibrations due to a high-speed train: the case of X-2000 at Ledsgard［J］. Journal of Sound and Vibration, 2003, 261: 503～526.

［20］ YANG Y B, HUNG H H, CHANG D W. Train-induced wave propagation in layered soils using finite/infinite element simulation[J]. Soil Dynamics and Earthquake Engineering, 2003, 23: 263 ~ 278.

[21] ACHENBACH J D. Wave propagation in elastic solids[M]. Amsterdam: North-Holland Publishing Company, 1973.

[22] LOMBAERT G, DEGRANDE G, CLOUTEAU D. Numerical modelling of free field traffic-induced vibrations[J]. Soil Dynamics and Earthquake Engineering, 2000, 19: 473 ~ 488.

[23] TADEU A J B, KAUSEL E. Green's functions for two-and-a-half-dimensional elastodynamic problems[J]. Journal of Engineering Mechanics, 2000, 126: 1093 ~ 1097.

[24] TADEU A, ANTONIO J, GODINHO L. Green's function for two-and-a-half-dimensional elastodynamic problems in a half-space[J]. Computer Mechanics, 2001, 27: 484 ~ 491.

[25] ANDERSEN L, NIELSEN S R K. Boundary element analysis of the steady-state response of an elastic half-space to a moving force on its surface[J]. Engineering Analysis with Boundary Elements, 2003, 27: 23 ~ 38.

[26] BIOT M A. Theory of propagation of elastic waves in a fluid-saturated porous solid, I, Low frequency range[J]. Journal of the Acoustical Society of America, 1956, 28: 168 ~ 178.

[27] BIOT M A. Theory of propagation of elastic waves in a fluid-saturated porous solid, II: Higher frequency range[J]. Journal of the Acoustical Society of America, 1956, 28: 179 ~ 191.

[28] BIOT M A. Mechanics of deformation and acoustic propagation in porous media[J]. Journal of Applied Physics, 1962, 33: 1482 ~ 1498.

[29] PHILIPPACOPOULOS A J. Lamb's problem for fluid-saturated, porous media[J]. Bulletin of the Seismological Society of America, 1988, 78: 908 ~ 923.

[30] RAJAPAKSE R K N D, SENJUNTICHAI T. Dynamic response of a multi-layered poroelastic medium[J]. Earthquake Engineering and Structural Dynamics, 1995, 24: 703 ~ 722.

[31] SENJUNTICHAI T, RAJAPAKSE R K N D. Dynamic Green's function of homogeneous poroelastic half plane [J]. Journal of Engineering Mechanics, ASCE, 1994, 120: 2381 ~ 2404.

[32] 王立忠, 陈云敏, 吴世明, 等. 饱和弹性半空间在低频谐和集中力下的积分形式解[J]. 水利学报, 1996, 2: 84 ~ 89.

[33] PHILIPPACOPOULOS A J. Axisymmetric vibration of disk resting on saturated layered half-space [J]. Journal of Engineering Mechanics, ASCE, 1989, 115: 2301 ~ 2322.

[34] BOUGACHA S, ROESSET J M, TASSOULAS J L. Analysis of foundation on fluid-filled poreelastic stratum[J]. Journal of Engineering Mechanics, ASCE, 1993, 119: 1632 ~ 1648.

[35] 金波, 徐植信. 多孔饱和半空间上刚体垂直振动的轴对称混合边值问题[J]. 力学学报, 1997, 29: 711 ~ 719.

[36] 杨峻, 吴世明. 非均质流固耦合介质轴对称动力问题时域解[J]. 力学学报, 1996, 28: 308 ~ 318.

[37] THEODORAKOPOULOS D D, CHASSIAKOS A P, BESKOS D E. Dynamic effects of moving load on a poroelastic soil medium by an approximate method[J]. International Journal of Solids and Structures, 2004, 41: 1801 ~ 1822.

[38] VALLIAPPAN S, TABATABAIE Y J, ZHAO C B. Analytical solution for two-dimensional dy-

namic consolidation in frequency domain[J]. International Journal for Numerical and Analytical Methods in Geomechanics, 1995, 19: 663~682.

[39] SIDDHARTHAN R, ZAFIR Z, NORRIS G M. Moving load response of layered soil, part Ⅰ. Formulation[J]. Journal of Engineering Mechanics, ASCE, 1993, 119: 2052~2071.

[40] JIN B, YUE Z Q, THAM L G. Stresses and excess pore pressure induced in saturated poroelastic half-space by moving line load[J]. Soil Dynamics and Earthquake Engineering, 2004, 24: 25~33.

[41] 刘干斌, 汪鹏程, 陈运平. 运动荷载附近有限层厚软土地基的振动研究[J]. 岩土力学, 2006, 27: 1670~1712.

[42] HASKELL N A. Radiation pattern of surface waves from point sources in a multilayered medium [J]. Bulletin of the Seismological Society of America, 1964, 54: 377~393.

[43] TABATABAIE Y J, VALLIAPPAN S, ZHAO C B. Analytical and numerical solutions for wave propagation in water-saturated porous layered half space[J]. Soil Dynamic and Earthquake Engineering, 1994, 13: 249~257.

[44] SENJUNTICHAI T, RAJAPAKSE R K N D. Exact stiffness method for quasi-static's of a multi-layered poroelastic medium[J]. International Journal of Solids and Structures, 1995, 32: 1535~1553.

[45] APSEL R J, LUCO J E. On the Green's functions for a layered half-space: Part Ⅱ [J]. Bulletin of the Seismological Society of America, 1983, 73: 931~951.

[46] CHEN X F. Seismogram synthesis for multi-layered media with irregular interfaces by global generalized reflection/transmission matrices method 3: Theory of 2D P-SV case[J]. Bulletin of the Seismological Society of America, 1996, 86: 389~405.

[47] PAK R Y S, GUZINA B B. Three-dimensional Green's functions for a multilayered half-space in displacement potentials [J]. Journal of Engineering Mechanics, ASCE, 2002, 128: 449~461.

[48] LU J F, HANYGA A. Fundamental solution for a layered porous half space subject to a vertical point force or a point fluid source[J]. Computational Mechanics, 2005, 35: 376~391.

[49] BLANEY G W, KAUSEL E N, ROESSET J M. Dynamic stiffness of piles[C]. Proc, 2. Conf on Numerical Method in Geomechanics, Blacksburg Virginia, 1976: 1001~1012.

[50] KUHLEMEYER R L. Vertical vibration of piles[J]. Journal of the Geotechnical Engineering Division, ASCE 1979, 105: 273~288.

[51] RAJAPAKSE R K N D, SHAH A H. On the longitudinal harmonic motion of an elastic bar in an elastic half-space[J]. International Journal of Solids and Structures, 1987, 23: 267~285.

[52] FLORES-BERRONES R, WHITMAN R V. Seismic Response of End-bearing Pile [J]. Journal of the Geotechnical Engineering Division, ASCE, 1982, 108: 555~569.

[53] 刘忠, 沈蒲生. 单桩横向非线性响应简化分析计算方法[J]. 计算力学学报, 2005, 22 (2): 242~246.

[54] MAMOON S M, BANERJEE P K. A fundamental solution due to periodic point force in the interior of an elastic half space[J]. Earthquake Engineering & Structural Dynamics, 1990, 19:

91 ~ 105.

[55] FENG J, RONALD, PAK Y S. Scattering of vertically-incident P-waves by an embedded pile [J]. Soil Dynamics and Earthquake Engineering, 1996, 15: 211 ~ 222.

[56] MUKI R, STERNBERG E. On the diffusion of an axial load from an infinite cylindrical bar embedded in an elastic medium[J]. International Journal of Solids and Structures, 1969, 5: 587 ~ 606.

[57] MUKI R, STERNBERG E. Elastostatic load-transfer to a half-space form a partially embedded axially loaded rod[J]. International Journal of Solids and Structures, 1970, 6: 69 ~ 90.

[58] FREEMAN N J, KEER L M. Torsion of a cylindrical rod welded to an elastic half space[J]. Journal of Applied Mechanics, 1967, 34: 687 ~ 692.

[59] LUK V K, KEER L M. Stress analysis for an elastic half space containing an axially loaded rigid cylindrical rod[J]. International Journal of Solids and Structures, 1979, 15: 805 ~ 827.

[60] KARASUDHI P, RAJAPAKSE R K N D. Torsion of a long cylindrical elastic bar partially embedded in layered elastic half space[J]. International Journal of Solids and Structures, 1984, 20: 1 ~ 11.

[61] NOVAK M. Dynamic stiffness and damping of piles[J]. Canadian Geotechnical Journal, 1974, 11, 574 ~ 598.

[62] NOGAMI T, KONAGAI K. Time domain flexural response of dynamic loaded single pile[J]. Journal of Engineering Mechanics, ASCE, 1988, 14: 1512 ~ 1525.

[63] MAKRIS N. Soil-pile interaction during the passage of rayleigh-waves-An analytical solution[J]. Earthquake Engineering & Structural Dynamics, 1994, 23(2): 153 ~ 167.

[64] NICOS M, GEORGE G. Dynamic pile-soil-pile interaction. Part Ⅱ: Lateral and seismic response. [J]Earthquake Engineering & Structural Dynamics, 1992, 21: 145 ~ 162.

[65] 柯瀚, 王立忠, 陈云敏. 双层地基中瑞利波引起的桩土竖向共同作用[J]. 振动工程学报, 2000, 13: 319 ~ 324.

[66] 王立忠, 冯永正, 柯瀚, 等. 瑞利波作用下成层地基中单桩横向振动分析[J]. 振动工程学报, 2001, 14: 205 ~ 210.

[67] 冯永正, 王立忠, 陈云敏. 瑞利波作用下双层地基中群桩横向动力响应[J]. 振动工程学报, 2001, 14: 284 ~ 291.

[68] ZENG X, RAJAPAKSE R K N D. Dynamic axial load transfer from elastic bar to poroelastic medium[J]. Journal of Engineering Mechanics, 1999, 125: 1048 ~ 1055.

[69] 陈龙珠, 陈胜立. 饱和地基上刚性基础的竖向振动分析[J]. 岩土工程学报, 1999, 21: 392 ~ 397.

[70] 陆建飞, 王建华, 沈为平. 频域内饱和土中水平受荷桩的动力反应[J]. 岩石力学与工程学报. 2002, 21: 577 ~ 581.

[71] BARKAN D D. Dynamics of Bases and Foundations [M]. McGraw-Hill Book Co., New York, 1962.

[72] MCNEILL R L, MARGASON B E, BABCOCK F M. The role of soil dynamics in the design of stable test pads [C]. Guidance and Control Conference, Minneapolis, Minnesota, 1979:

366 ~ 375.

[73] WOODS R D. Screening of surface waves in soil [J]. Journal of the Soil Mechanics and Foundations Division, ASCE, 1968, 94(SM4): 951 ~ 979.

[74] WOODS R D, BARNETT N E, SAGESSET R. Holography a new tool for soil dynamics[J]. Journal of the Geotechnical Engineer Division, ASCE, 1974, 100: 1231 ~ 1247.

[75] LIAO S, SANGREY D A. Use of piles as isolation barries[J]. Journal of the Geotechical Engineering Division, ASCE, 1978, 104(GT9): 1139 ~ 1152.

[76] HAUPT W A. Model test on screening of surface waves [C]. Proc., 10th, Int. Conf. Soil Mech. And Found. Engineering, Stockholm, 1981, 3: 215 ~ 222.

[77] ABOUDI J. Elastic waves in half-space with thin barrier[J]. Journal of Engineering Mechanics, ASCE, 1973, 99(EM1): 69 ~ 83.

[78] FUYSKI M, MATSUMOTO Y. Finite difference analysis of Rayleigh wave scattering at a trench [J]. Bulletin of the Seismological Society of America, 1980, 70: 2051 ~ 2069.

[79] WASS G. Linear two-dimensional analysis of soil dynamics problem in semi-infinite layered media[D]. University of California, Berkeley, California, 1972.

[80] LYSMER J, WAAS G. Shear waves in plane infinite structures[J]. Journal of the Engineering Mechanics Division, ASCE, 1972, 98: 85 ~ 105.

[81] SEGOL G P, LEE C Y, ABEL J E. Amplitude reduction of surface wave by trenches [J]. Journal of the Engineering Mechanics Division, ASCE, 1978, 104: 621 ~ 641.

[82] LEUNG K, BESKOS D, VARDOULAKIS I. Vibration isolation using open or filled trenches, Part 3: 2-D non-homogeneous soil[J]. Computational Mechanics, 1990, 7: 137 ~ 148.

[83] LEUNG K, VARDOULAKIS I, BESKOS D, et al. Vibration isolation by trenches in continuously non-homogeneous soil by the BEM[J]. Soil Dynamics and Earthquake Engineering, 1991, 10: 172 ~ 179.

[84] MAY T W, BOLT B A. The effectiveness of trench in reducing seismic motion[J]. Earthquake Engineering and Structural Dynamics, 1982, 10: 195 ~ 210.

[85] EMAD K, MANOLIS G D. Shallow trenches and propagation of surface waves[J]. Journal of Engineering Mechanics, ASCE, 1985, 111: 279 ~ 282.

[86] BESKOS D E, DASGUPTA G, VARDOULAKIS I G. Vibration isolation using open or filled trench. Part 1: 2-D homogeneous soil [J]. Computational Mechanics, 1986, 1: 43 ~ 63.

[87] DASGUPTA B, BESKOS D E, VORDOUCLAKIS I G. Vibration isolation using open or filled trenches. Part 2: 3-D homogeneous soil[J]. Computational Mechanics, 1990, 6: 129 ~ 142.

[88] AHMAD S, AL-HUSSAINI T M. Simplified design for open and infilled trenches[J]. Journal of the Geotechical Engineering Division, ASCE, 1991, 117: 67 ~ 88.

[89] KLEIN R, ANTES H, LE HOUEDEC D. Efficient 3D modelling of vibration isolation by open trenches[J]. Computers & Structures, 1997, 64: 809 ~ 817.

[90] AVILLES J, SANCHEZ-SESMA F J. Piles as barriers for elastic waves [J]. Journal of the Geotechnical Engineer Division, ASCE, 1983, 109: 1133 ~ 1146.

[91] AVILLES J, SANCHEZ-SESMA F J. Foundation isolation from vibration using piles as barriers

[J]. Journal of Engineering Mechanics, ASCE, 1988; 114: 1854～1870.

[92] BAROOMAND B, KAYNIA A M. Vibration isolation by an array of piles. In Soil Dynamics and Earthquake Engineering [M]. Computation Mechanics Publication: Southampton, 1991: 683～691.

[93] KATTIS S E, POLYZOS D, BESKOS D E. Vibration isolation by a row of piles using a 3-D frequency domain BEM[J]. International Journal for Numerical Methods in Engineering, 1999, 46: 713～728.

[94] KATTIS S E, POLYZOS S, BESKOS D E. Modelling of pile wave barriers by effective trenches and their screening effectiveness[J]. Soil Dynamics and Earthquake Engineering, 1999, 18: 1～10.

[95] TSAI P H, ZHENG Y F, JEN T L. Three-dimensional analysis of the screening effectiveness of hollow pile barriers for foundation-induced vertical vibration[J]. Computers and Geotechnics, 2008, 35: 489～499.

[96] GAO G Y, LI Z Y, QIU C, et al. Three-dimensional analysis of rows of piles as passive barriers for ground vibration isolation[J]. Soil Dynamics and Earthquake Engineering, 2006, 26: 1015～1027.

[97] JU S H, LIN H T. Analysis of train-induced vibrations and vibration reduction schemes above and below critical Rayleigh speeds by finite element method[J]. Soil Dynamics and Earthquake Engineering, 2004, 24: 993～1002.

[98] ANDERSEN L, NIELSEN S R K. Reduction of ground vibration by means of barriers or soil improvement along a railway track[J]. Soil Dynamics and Earthquake Engineering, 2005, 25: 701～716.

[99] CELEBI E, SCHMID G. Investigation of ground vibrations induced by moving loads[J]. Engineering Structures, 2005, 27: 1981～1998.

[100] KARLSTRÖM A, BOSTRÖM A. Efficiency of trenches along railways for trains moving at sub- or supersonic speeds[J]. Soil Dynamics and Earthquake Engineering, 2007, 27: 625～641.

[101] ROBERT H. Asymptotic analysis of hard wave barriers in soil[J]. Soil Dynamics and Earthquake Engineering, 2003, 23: 143～158.

[102] BOROOMAND B, KAYNIA A M. Vibration isolation by an array of piles[J]. Soil Dynamics and Earthquake Engineering, 1991, 10: 683～691.

[103] WANG J H, ZHOU X L, LU J F. Dynamic response of pile groups embedded in a poroelastic medium[J]. Soil Dynamics and Earthquake Engineering, 2003, 23: 235～242.

[104] JIN B, ZHONG Z. Lateral dynamic compliance of pile embedded in poroelastic half-space[J]. Soil Dynamic and Earthquake Engineering, 2001, 21: 519～525.

[105] BONNET G. Basic singular solutions for poroelastic medium in the dynamic range[J]. Journal of the Acoustical Society of America, 1987, 82: 1758～1762.

[106] DERESIEWICZ H, SKALAK R. On the uniqueness in dynamic poroelasticity[J]. Bulletin Seismetic Social of America, 1963, 53: 783～788.

[107] BRIGHAM E O. The Fast Fourier Transform[M]. Englewood Cliffs, NJ: Prentice-Hall; 1974.

[108] 刘琦, 金波. 移动简谐力作用下三维多孔饱和半空间的动力问题[J]. 固体力学学报, 2008, 29: 1~5.

[109] PAK R S Y, JENNINGS P C. Elastodynamic response of pile under transverse excitations [J]. Journal of Engineering Mechanics, 1987, 113: 1101~1116.

[110] HALPERN M R, CHRISTIANO P. Steady-state harmonic response of a rigid plate bearing on a liquid-saturated poroelastic half space [J]. Earthquake Engineering and Structural Dynamics, 1986, 14: 439~454.

[111] 陆建飞, 聂卫东. 饱和土中桩在瑞利波作用下的动力响应[J]. 岩土工程学报, 2008, 30: 225~231.

[112] MUKI R. Asymmetric problem of the theory of elasticity for a semi-infinite solid and a thick plate. Progress in Solid Mechanics[M]. Amasterdam North Holland, Intersicence, New York, 1960: 399.

[113] MINDLIN R D. Force at a point in the interior of a semi-infinite solid[J]. Physics, 1936, 7: 195~202.